心理疾病漫谈

宁安宁 著

哈尔滨出版社
HARBIN PUBLISHING HOUSE

图书在版编目(CIP)数据

天才在左疯子在右：心理疾病漫谈 / 宁安宁著. —
哈尔滨：哈尔滨出版社，2015.12（2023.1重印）
ISBN 978-7-5484-2367-6

I. ①天… II. ①宁… III. ①心理学-普及读物
IV. ①B84-49

中国版本图书馆 CIP 数据核字(2015)第 246113 号

书　　名：天才在左疯子在右——心理疾病漫谈
　　　　　TIANCAI ZAI ZUO FENGZI ZAI YOU——XINLI JIBING MANTAN

作　　者：宁安宁　著
责任编辑：尉晓敏　孙　迪
版式设计：张文艺
封面设计：申海峰

出版发行：哈尔滨出版社（Harbin Publishing House）
社　　址：哈尔滨市香坊区泰山路82-9号　邮编：150090
经　　销：全国新华书店
印　　刷：天津旭非印刷有限公司
网　　址：www.hrbcbs.com
E-mail：hrbcbs@yeah.net
编辑版权热线：(0451)87900271　87900272
销售热线：(0451)87900202　87900203

开　　本：720mm×1000mm　1/16　印张：15　字数：200千字
版　　次：2015年12月第1版
印　　次：2023年1月第2次印刷
书　　号：ISBN 978-7-5484-2367-6
定　　价：49.00元

凡购本社图书发现印装错误，请与本社印制部联系调换。服务热线：(0451)87900279

# 前言
## 朋友，你有"病"吗？

> "这位朋友，你有精神病吧？"
> 没错，这位朋友，在下问的就是你。

听到这个问题，恐怕你会立刻勃然大怒，回敬一句："你才有病！"

先别着急。咱们这里说的"精神病"，可不是说你到处乱跑、精神崩溃、思维混乱。这里说的"精神病"，指的是**人们在日常生活中的种种心理障碍**。毕竟社会生活压力这么大，人人都有点儿不正常也很正常。

放眼世界，"精神病"可真不少。**孤独症、抑郁症、强迫症**，个个有症；**依赖人格、偏执人格、表演人格**，人人不同。

这是一个奔波的年代，这是一个孤独的年代，这是一个全民皆"病"的年代。

你可别说什么"众人皆'病'我独清，众人皆'疯'我独明"这样的傻话。在全民皆"病"的大环境下，想独善其身很难。你本没有"病"，只不过压力大了自然就有了"病"。

想想吧，你是否有过不正常的时候：

你每天必须要化妆，不化妆就不能见人，素颜就会心慌慌？

你独处时口若悬河，电脑前才华横溢，偏偏众人前一张口就结巴，一发言就想撞墙？

你没事就胡思乱想，服毒、跳楼……所有的死法你都想一遍，没有一个"满意"？

你的至亲至爱是手机，从早到晚拼命玩，晚上瞪着眼睛熬到大天亮？

你吃饭穿衣都靠妈，大事小情都问娘，自己完全没主张？

你白天晚上不一样，上一秒积极下一秒哀伤，瞬间分裂变成双？

……

你不必立刻对号入座，也不必着急摇头否认。儿童时期与父母不完善的关系，少年时期性启蒙的不足，青年时期对成功的过分向往，成年时期对亲密关系的不妥善处理……活这么大，简直步步为营，哪一步走错，恐怕你都会踏上"精神病"的不归路。

不过，你也不必从此就紧张不安。看看四周，你的亲戚朋友，你的领导下属，你的偶像导师，其实个个都是你的"病"友，只不过有的人清楚自己的"病"情，有的人还茫然不自知。

有"病"没关系，最怕的就是讳疾忌医。现在你要做的，就是打开这本书，找到自己对应的"病"情，治愈自己。

本书读起来新鲜有趣，合上书也能让你沉静反思。本书涉及焦虑、躁郁、性心理障碍、人格障碍、泛虑症、强迫症、抑郁症、性偏好障碍、偏执型人格障碍等精神病，看完后可有两个收获，一是祛除心病，二是通往幸福！

本书对你望闻问切，也教你自己把脉。先给你问卷调查，请你对号入座，认清症状；接着专业解惑释疑，深入浅出戏说心理学；然后给你提出解决方案，手把手教你为自己的心理做治疗；再给你一面镜子，看一些典型案例；最后开方子给你带回家，最终使你离开"精神病人"的队伍！

# 目录

## 第一章 世界上就没有能让我省心的东西——泛虑症

- 【精神病自测】 你是泛虑症的臣民吗？/ 002
- 【问　　题】 担忧的等待？害怕性期待？/ 003
- 【案　　例】 暴力主妇与沉默吃货 / 006
- 【现　　象】 "屌丝"的焦虑谁能懂？/ 009
- 【解　　答】 理性情绪行为疗法 / 012
- 【生存法则】 5种心理效应帮你摆脱焦虑 / 015

## 第二章 必须这样做，根本停不下来——强迫症

- 【精神病自测】 看看能给你的强迫症打几分 / 020
- 【问　　题】 强迫思维？强迫行为？/ 021
- 【案　　例】 女神的包袱：化妆强迫症 / 024
- 【现　　象】 手机癌&囤积症 / 026
- 【解　　答】 强迫症自救手册：二法让你停下来 / 028
- 【生存法则】 5种心理效应帮你缓解强迫症 / 031

第三章　无法摆脱的精神天敌——
## 单一恐惧症

【精神病自测】你是单一恐惧症的一分子吗？／036
【问　题】看一眼就吓死？／038
【案　例】快跑！那里有一只吉娃娃！／040
【现　象】拼瘦族，你在恐惧什么？／044
【解　答】单一恐惧症的治疗：暴露疗法／046
【生存法则】4种心理效应让你不再恐惧！／048

第四章　请离我远一点吧，人类！——
## 社交恐惧症

【精神病自测】社交恐惧症，你中招了吗？／052
【问　题】赤面恐惧症？惧人症？／053
【案　例】躲在电脑背后才能与人交流／055
【现　象】御宅族、洞穴族……三次元的社交到底有多可怕／057
【解　答】从情景预演走入真实社交／059
【生存法则】6种心理效应助你成为社交达人／062

## 第五章　给我45°角，我可以让悲伤逆流成河——
### 抑郁症

- 【精神病自测】看看你有没有抑郁症 / 066
- 【问　　题】4类抑郁症，你了解多少？/ 067
- 【案　　例】抑郁症患者 / 070
- 【现　　象】春困症、掏空族……都市白领的情绪为何持续低落？/ 072
- 【解　　答】对付抑郁症的秘密武器：日常事项与森田疗法 / 074
- 【生存法则】这些心理效应让你远离抑郁症！/ 077

## 第六章　我狂躁吗？我只是淡定得不明显！——
### 躁狂症

- 【精神病自测】你的躁狂"修炼"到了什么程度？/ 082
- 【问　　题】情绪高涨？暴躁易怒？/ 083
- 【案　　例】迷失的订单 / 085
- 【现　　象】毕业躁狂症 & 离婚躁狂症 / 087
- 【解　　答】躁狂症的生存需要：情绪控制 / 089
- 【生存法则】4种心理效应，打倒躁狂症！/ 091

第七章 "性趣"背后有隐情！——
性偏好障碍（上）

【精神病自测】 你有恋物癖吗？ / 096
【问　题】 露阴癖、窥阴癖、摩擦癖、恋物癖 / 097
【案　例】 他们也有性偏好障碍：莫扎特＆卢梭 / 099
【现　象】 咸猪手、内衣大盗……不仅是口味轻重的问题 / 102
【解　答】 性偏好障碍的症结：家庭引导最重要 / 104
【生存法则】 掌握心理效应，克服性偏好障碍！ / 106


第八章 别让他人为你的"性福"埋单——
性偏好障碍（下）

【精神病自测】 看看你是否有恋童情结？ / 110
【问　题】 恋童癖、性虐待症 / 111
【案　例】 自杀？不，要虐杀！ / 114
【现　象】 那些防不胜防的校长和SM / 117
【解　答】 恋童癖的治疗：挖掘原因，对症下药 / 120
【生存法则】 这些心理效应让你越活越快乐 / 121

## 第九章　上帝把我的灵魂装错了躯体——
### 性身份识别障碍

【精神病自测】　看看给你的性身份识别障碍打几分 / 124

【问　　题】　易性癖？双重角色异装症？ / 125

【案　　例】　被禁锢的灵魂 / 128

【现　　象】　变性人、人妖……我的性别听我的 / 131

【解　　答】　性身份识别障碍的心理原因 / 133

【生存法则】　4种效应助你避免性身份识别障碍 / 135


## 第十章　我听到上帝的呼唤——
### 精神分裂症

【精神病自测】　看看你的精神分裂到了什么程度？ / 140

【问　　题】　精神分裂症的三大典型特征 / 141

【案　　例】　我的孩子呢？ / 144

【现　　象】　过劳族、周末哭泣族……巨大的压力让你分裂了吗 / 147

【解　　答】　精神分裂的生存出路：家庭支持 / 149

【生存法则】　3个方法助你完爆精神分裂 / 151

## 第十一章 我和我的灵魂们——
## 人格分裂

【精神病自测】 看看给TA的多重人格打几分 / 154

【问　题】 人格 & 多重人格 / 155

【案　例】 24重人格 / 158

【现　象】 魔方人、迷失的自我……人人都有不同的自己 / 160

【解　答】 利用催眠治疗多重人格 / 162

【生存法则】 3种效应打败人格迷失 / 164


## 第十二章 人生就是一场戏，唯我入戏最彻底——
## 表演型人格障碍

【精神病自测】 看看给你的表演型人格障碍打几分 / 168

【问　题】 戏剧化 & 幼稚化 / 169

【案　例】 凭什么不喜欢我？ / 172

【现　象】 嗲嗲女，做作生活如演戏 / 174

【解　答】 表演型人格障碍患者可以自我调整 / 176

【生存法则】 3种效应去除表演型人格障碍 / 178

第十三章　不准批评我，但我要怀疑你——
　　　　　偏执型人格障碍

【精神病自测】看看你的偏执型人格障碍有多严重 / 182
【问　　题】狂妄的自信 / 183
【案　　例】嫉妒我的优秀？就凭你们？ / 185
【现　　象】网络暴民、肆意"人肉"……躲在网络背后，
　　　　　　你是不是从不控制自己？ / 188
【解　　答】偏执型人格障碍患者的解药：学会信任 / 190
【生存法则】利用6种效应告别偏执狂 / 192


第十四章　谁来帮我做决定 ——
　　　　　依赖型人格障碍

【精神病自测】看看给你的依赖型人格障碍打几分 / 196
【问　　题】寻找庇护者 / 197
【案　　例】谁能帮忙支撑我的世界 / 199
【现　　象】都市怪病——情感依赖症，你中招了吗？ / 201
【解　　答】依赖型人格障碍的救治原则：从小事开始 / 203
【生存法则】6种效应助你学会独立 / 206

## 第十五章 面对绝望，去死一次怎么样？——
# 自杀

【精神病自测】 边缘型人格障碍患者 / 212

【问　　题】 绝望型自杀？解决型自杀？边缘型人格障碍？ / 213

【案　　例】 自杀24次的"超级玛丽" / 216

【现　　象】 大学生为何是自杀的高发群体 / 218

【解　　答】 这四个问题，你可认真想过？ / 220

【生存法则】 这些心理效应让你越活越快乐！ / 223

# 第一章

## 世界上就没有能让我省心的东西——
# 泛虑症

【精神病自测】

# 你是泛虑症的臣民吗？

请你找一处安静的地方，回忆自己最近三个月的情形，根据实际回答下面的问题。

1.你是否总是担心未来会发生的事情？
2.你是否总是害怕家人或身边的人遭遇不测？
3.你是否总是感觉到无形的压力？
4.你是否很容易受到惊吓？
5.你是否总是会感到紧张不安、心慌意乱？
6.你是否总是难以将注意力集中到正在做的事情上？
7.你是否很容易被激怒，爱发脾气？
8.你是否经常过分担心，明知自己不该如此，但仍然控制不住？
9.你是否会"期待"不好的事情快点到来，好让自己能够尽快解脱？
10.你是否总是感到神经紧绷、不能放松？
11.你是否总是感到疲劳、乏力？
12.你是否难以入睡，或者睡眠质量很差？
13.你是否总是来回踱步、搓手、身体震颤、坐立不安，或者有其他类似的身体反应？
14.你是否容易出汗、口干舌燥？
15.你是否容易心率加快或肠胃不适？
16.你是否经常感到头晕、恶心？

在以上16个问题中，如果你的回答有5个以上为"是"，那么你可能有轻微的泛虑症；如果你的回答有8个以上为"是"，那么你很有可能患有泛虑症，建议到专业机构做一下鉴定。

不管你的回答是什么，了解泛虑症十分必要。下面我们就来看看泛虑症到底是什么。

【问题】

## 担忧的等待？害怕性期待？

我有个远房亲戚家的姐姐，叫MOMO。有一天，MOMO姐长吁短叹地来找我诉苦："你说说啊，这都多大了，还尿床！什么方法都用遍了，就是治不好！"

MOMO姐的儿子四岁了，小家伙活泼可爱，聪明伶俐，没想到这小帅哥居然还尿床。我假装不在意地跟MOMO姐说："没事，他年纪还小呢，再观察一段时间吧。"

"还小？他都三十几了！"

什么？原来尿床的不是小帅哥？

MOMO姐眼看自己说漏了，赶紧捂上嘴，不过为时已晚。她低着头想了一会儿，半天才下了决心似的，道："尿床的是你姐夫。"

MOMO姐问我："为什么我老公三十几岁了还会尿床？"

要想回答这个问题，首先，我们要解释一下什么是焦虑。焦虑是人们在挑战、危机等面前出现的内心不安、烦躁或恐惧等情绪反应。焦虑反应在日常生活中也很常见。比如，马上要考试了但你还没复习完；快要结婚了你却还有一大堆事情没准备；失恋了你内心痛苦不堪……于是，你焦虑了。

焦虑在生活中简直无孔不入。当我们遇到问题时，会感受到压力并形成焦虑情绪。在正常的情况下，我们会努力找到解决的办法并以此来减轻焦虑。然而，当你焦虑时，一旦无法顺利解决问题就会变得更加焦虑，我们称之为"焦虑障碍"。泛虑症就是焦虑障碍的一种。

泛虑症又叫"广泛焦虑症"，是一种慢性的焦虑障碍，会对患者进行长期的、渐进式的折磨。而广泛焦虑症中的"广泛"二字，则说明了让患者焦虑的对象众多，并且是不特定的。因此，泛虑症一般是由于患者对不确定对象的长期持续的病理性担忧而形成的。也就是说，患者长时间对很多方面都感到敏感和担忧，而这些担忧往往是毫无根据、毫无道理的。当他们试图解决这些问题、摆脱这些担忧的时候，却往往因为找不到合适的方

法,或者因能力或条件限制而失败。在这种情况下,泛虑症就悄悄地建立起根据地了。

泛虑症患者不外乎两种类型:担忧的等待,害怕性期待。

首先,我们来说说担忧的等待。在日常生活中,我们经常会出现为了某事担忧的情况,比如考试后觉得发挥失常而担心成绩不好,因家人不舒服而担心他们的健康,走夜路时担心自己的安全,等等。显而易见,这些事情的确可能会产生不好的后果,因此担忧都是有充分理由的,其程度也都在合理的范围之内,并且,在经过一段时间后,当你失去了担忧的依据时,也就不会再继续担忧。比如,医生检查家人的身体之后,得知只是小毛病且开了处方,你就不会再担忧了。因此,这种焦虑和担忧都是面对压力的正常反应。

但是,泛虑症患者有一个通病,那就是过度担忧。什么叫"过度"?也就是说,他们的担忧是缺乏事实依据的,夸大了事件的危害性,因此扩大了担忧的程度。对泛虑症患者而言,生活到处都暗藏着不幸。比如,女儿一个人出门上班,母亲在家中毫无理由地开始担忧:出车祸怎么办?被人打劫怎么办?遇到恐怖袭击怎么办?事实上,这些担忧就是过度的、毫无依据的,夸大了小概率危害事件发生的可能性。那么,在过度担忧的时候,妈妈能为女儿做什么呢?——什么都做不了,只能在家中心神不宁地等待。这种现象被称为"担忧的等待",即泛虑症的核心症状。有个成语叫"杞人忧天",恐怕就是这种情况的最好写照。

另一种情况就是害怕性期待,又叫"自由浮动性焦虑"。患者完全不知道自己在焦虑什么,只知道自己时刻都感到焦虑,看什么都心烦意乱,想什么都忧心忡忡。患者说不上来到底是哪里不对,但就是觉得处处充满危险,整日提心吊胆。他们总是感到危险可能来源于任何一个角落,且随时会来临,甚至他们还会"期待"不幸的事情快点儿到来,这样就能早日解脱。

之前我们提到的MOMO姐的老公就属于这种情况。他对任何事情都小心翼翼,用他自己的话说就是:"总是很紧张,但又不知道到底在紧张什么。生活似乎为我准备了无数彩蛋,但一旦打开它们,就只有各种各样的不幸。我总是期待,不幸的事情都快点儿来吧!"他常常失眠,好不容易入睡,早上醒来后却发现床单上已留下一片湿漉漉的地图。作为男人,他因此以为自己"肾虚",便更觉得颜面扫地。

事实上,人的身体反应也是情绪的出口。因为在清醒时分,MOMO姐的老公的过度焦虑无法得到宣泄,所以在入睡后意识放松时,身体就会用排尿的方式来缓解情绪,同时也在敲响警钟。果然,在接受一段时间的心理治疗后,他的尿床症状慢慢消失了。

## 【案例】暴力主妇与沉默吃货

茉莉姐和花生哥的相识是一个美救英雄的故事。传说,当年花生哥被人打劫,吓得魂飞魄散,两腿发抖,当场跪地求饶。路过的茉莉姐当即化身女超人,大喝一声,直接将歹徒踢倒,充分发挥了跆拳道黑段的优势。

从此,花生哥便深深爱上了女英雄茉莉姐,死缠烂打,一会儿贤惠一会儿卖萌,终于俘获了美女英雄茉莉姐的芳心,两人妇唱夫随,羡煞旁人。

谁也没想到,过了很多年之后,这对老鸳鸯居然也能出问题。

这得从花生哥来找我那天说起。年过五旬的花生哥哭哭啼啼,像个被恶婆婆欺负的小媳妇,一边往嘴里塞花生,一边哭诉:"我老婆,她,有情况!"

我这一惊:"茉莉姐已经是全职主妇了,每天除了打麻将、跳广场舞、催女儿结婚,也没别的爱好了啊,能出什么情况?"

花生哥继续往嘴里塞着花生,哭得更厉害了。

茉莉姐自从过了五十岁之后,经常胸闷气短,烦躁不安,总发脾气。花生哥一看,这是更年期到了啊!赶紧按电视上说的买了更年期药品,巴巴地送到老婆面前,一脸求表扬的样子。没想到,茉莉姐怒火中烧,直接将他连人带被一起扔到沙发上,让他做了一个礼拜的"沙发客"。

听到这里,我叹了口气。花生哥做沉痛状:"还有比这更惨的。"

花生哥半夜躺在沙发上辗转反侧,总是睡不踏实,忽然隐隐约约听到房间里有声音。他壮着胆子摸过去,结果发现茉莉姐正趴在被子里,哭得一塌糊涂。花生哥顿时男子气概上来了,走过去:"媳妇,这是怎么了?没事,有老公在……"话音未落,茉莉姐突然拿出了当年教训歹徒的气势,把花生哥好一顿"修理"。半夜,惨叫响彻云霄……

花生哥给我展示自己的伤:"你看这一块块瘀青,都快连成片了……"

我想了想,问:"那你采取了什么措施吗?"

花生哥豪气冲天:"那是当然了!我严肃地交涉过,当场就把她镇住了!我说:'茉莉,你给我听好了!你要是再这样,我就,我就,我就长跪不起!'"不用说,茉莉姐当场就一个飞踢,花生哥又多了无数瘀青。

我基本上是听明白了,"茉莉姐现在正处于更年期,由于身体激素的变化,会导致情绪上的不稳定。同时,衰老出现、健康下降、精力减退等等问题涌现出来,令其产生严重的焦虑。这就是我们常说的更年期焦虑症。"

和茉莉姐聊过之后,我更加肯定了自己的推断。茉莉姐的情况是泛虑症中的典型之一——担忧的等待。

茉莉姐看起来大大咧咧,其实心思细腻。她担心的事情还真是不少:自己身体不如以前了,是不是得了什么大病啊?自己身材走样了,年老色衰了,花生哥会不会移情别恋啊?女儿也不小了,还没结婚,怎么办?女儿万一羊入虎口,遇人不淑怎么办?这爷俩走路摔跤怎么办,喝水呛到怎么办……

茉莉姐就陷在这日复一日的担忧中,除了烦躁发火,别无他法。她的精神越来越差,电视看不进去,十字绣扔到一旁,连最爱的广场舞都不去跳了。她总是待在房间里,一会儿哭一会儿闹,最严重的时候还想自杀!

这可吓坏了花生哥。在得知了茉莉姐这种情况可以通过心理调节和药物调节进行治疗之后,他赶紧领着茉莉姐去看了专业的医生,这才逐渐好转起来。

和茉莉姐这位"暴力主妇"的担忧的等待不同,另一位泛虑症患者小胖的症状,则是典型的害怕性期待。

认识小胖,纯属偶然,不过也可算是注定。当时我们两个人互相看了一眼对方的饭菜,就立刻产生了深厚的友谊——吃货的世界就是这么简单。

小胖似乎天生沉默,和她搭话并不是一件容易的事情。不过我们两个当时都专注于吃,完全没有注意到这个问题。

小胖只是傻傻地笑着,偶尔看看我,几乎不说话。虽然筷子坚定地向嘴里输送着食物,嘴巴慢慢地咀嚼、品味,但她的眼睛却总是机警地四处扫描着,仿佛雷达一般。

"你在看什么?"我问。

"等吃完了告诉你。"

"我吃完了。你告诉我。"

小胖都懒得抬头:"我还没有。"

直到我都撑得走不动路了,却看到她还能静静地吃下第三碗饭、第五份

菜,又慢腾腾地掏出零食来的时候,我才意识到,在"吃"这方面,我完全不是小胖的对手。

而且,小胖是不会有吃"完"的时候。

这一点,连同样作为吃货的我都忍不下去了。因为,我吃不下那么多。我问:"你很饿吗?"

"不是啊。每天吃这么多怎么会饿?"

"那你为什么要吃这么多?"

小胖用那双雷达般的眼睛盯了我一会儿,眼神中似乎带有一些困惑。许久之后,才不大情愿地回答:"我高兴。"

这个回答让我很无语。可是,她又回答得那么认真。我只好抑制住不满情绪,自己揣测。

难道她是什么隐者,用这种方式来练盖世神功?难道她体内有寄生兽,所以才必须不断进食?难道她胃里有个黑洞……

小胖受不了我的推论,终于幽幽地回答:"我很不安。"

"不安?"

"没错。我对于一切都感到不安,我说不上来是因为什么。我看不到摸不到的东西,都让我感到不安。比如说,时间,未来,以及站在我背后的人。不知道为什么,每天只要睁开眼睛,就感到巨大的压力从四面八方袭来,可是我又不知道它到底隐藏在哪里。它似乎无处不在,但是又藏得天衣无缝。我可不想和它玩躲猫猫。我找到了一个可以让自己高兴的办法,那就是吃东西。只要吃东西,我就会暂时忘记这些。"

我终于明白,小胖所说的"我高兴"绝非妄言。这就是泛虑症中的害怕性期待。

【现象】

# "屌丝"的焦虑谁能懂？

当下网络流行词"屌丝"二字为人熟知，不论男女，多数人都乐于用这两个字来形容自己。尽管曾有某导演炮轰"屌丝"二字不雅，质疑为什么会有人热衷于用这样的字眼来形容自己。但实际上，"屌丝"二字的背后隐藏着一种广泛焦虑的社会心理。

"屌丝"一词源于网络，是一种自嘲的说法。起初，它指的是跟"高富帅"截然相反的一种人，其标签是"矮矬穷""土肥圆""没房没车没存款没品位没人爱""宅在家玩游戏不懂女神心"等。用我们平时的话说，就叫"普通人"。

人们对于"屌丝"这个词的一般印象是什么呢？网上晒出了"屌丝"的各种条件：

女"屌丝"：从没买过比基尼、没有亮色指甲油、不会穿成套的内衣裤、从来不穿跟高5cm以上的鞋、超半年没换过新的发型、5个月以上都在减肥、不敢咧嘴大笑、喜欢走在男人的后面、不爱或太爱照镜子等。

男"屌丝"：身上现金不超过1000元、皮鞋价格不超过800元、婚前女友不超过3个、年终福利不超过1万、喝瓶装绿茶、抽20元以下的烟、开10万以下的车、只喝白酒和啤酒、三五年未长途旅游等。

标准一出，众网友顿时高呼：原来想当"屌丝"也不是那么容易的！

话说回来，讲了这么多关于"屌丝"一词的普遍印象，那么，这么多自称"屌丝"的人都是"悲剧"的吗？

其实不然。很多人看起来符合"屌丝"的某些标准，也有很多人也只是为了凑热闹。他们纷纷快乐地将自己称为"屌丝"，扎堆到这个队伍之中。

事实上，"屌丝"一词的泛滥，正折射出人们的广泛焦虑心理。

为什么会这样？究其根本便会发现，"屌丝"背后隐藏着这样几个词："小人物""失败感""难以改变现状"。

比如，A君会想："社会那么大，我这么小。我工作不好，地位低，买不起车房，娶不起老婆，养不起爸妈。"

而B君可能会想："我拼搏那么多年，每天加班加点却升不了职，加不了薪，陪不了家人，在领导客户面前低头哈腰，早想掀桌子不干了，但没那个胆儿。"

于是，他们都自嘲为"屌丝"，认为自己即使努力也不会有更好的未来，而自此之后，虽然对现状不满，却也过得安逸。但是，对他们来说，时刻生活在"不安全"中，即自己可能会因为一丝波澜而彻底失去仅有的生活。

A君也好色，但是他不敢追女神。B君也想创业，但他怕钱打了水漂。他们之所以会焦虑，正是源于这两点：对现状的不满，以及对失去现状的担忧。

现在我们来看看，作为"屌丝"一族，到底在焦虑什么？

**1. 幻想，却无愿景**

很多人说"屌丝"没有上进心，其实这大错特错，上进心人人都有，关键是朝哪里上进，如何上进；有人说"屌丝"没有梦想，这也大错特错，事实上每天他们的脑中都有无数小剧场上演。他们真正缺乏的是愿景，是努力的方向。他们回忆几年前的自己，发现自己仍是原地踏步，生活似乎停滞了，对未来也没什么期望。

**2. 渴望，却无行动**

"屌丝"的心中有很多渴望，渴望成为人生赢家，渴望万众瞩目，渴望改变世界。可是，这些渴望仅仅存在于他们的内心世界里，却缺乏执行力。实际上，他们只是懒惰，懒得去奋斗，懒得去改变，懒得去追求。他们焦虑不安地渴望着，却又心安理得地重复过去的一切。

**3. 自尊，却更自卑**

"屌丝"的自尊心不可小视，看似喜欢自嘲，其实内心只是为了得到他人的认可，暗藏着一种从众心理。然而，在自尊的背后，却是深刻的自卑。他们将自己平庸的出身、平凡的才智作为不努力的借口，进而放任自己。他们总在想，"如果我失败了，我将一无所有……"之后便会否定自己的一切。结果，就是将自己束缚于一隅，在成功的幻想中满足自尊，也在失败的幻想中不断自卑。

**4. 不甘，却要认命**

"屌丝"深切地知道，梦想遥远，现实残酷。他们总是惦记着有一天能拍着桌子跟老板叫板，像富二代那样挥金如土，像暴发户一样购物炫富。他们并不甘于现有的生活，却只选择自嘲，在娱乐自己的同时麻痹自己，让自己继续安于这不如意的生活。

"屌丝"人群自我焦虑的对象远不止这些，而"屌丝"这一称呼，也正是他们用自嘲的方式来找到归属感、来排解焦虑。

【解答】

## 理性情绪行为疗法

在学习此疗法之前,请先列出那些经常让你感到惶恐不安的事。比如:

"我必须拿下这次的客户!"

"我必须在比赛中获得成功!"

"我必须要把我的孩子放在一个绝对安全的地方!"

你可能会觉得我说的都太不靠谱了,你根本没那么想过,你只是"害怕"——害怕拿不下客户,害怕在比赛中出丑,害怕自己的孩子受到一丁点儿伤害——你并没有要求自己"必须"。

想想吧,你害怕拿不下这个客户,所以你要求自己怎么样?你要求自己"必须"做到!你害怕在比赛中出丑,所以你要求自己"必须"完美表现!你害怕孩子受伤害,所以你要求自己"必须"保护好他们!

没错,你的焦虑症结就在于"必须"。

那么,你不得不承认一个事实,那就是世界上没有绝对的必须,一切都只是可能。你可能拿得下客户,也可能不能;你可能表现出色,也可能表现欠佳;你的孩子可能安全生活,也可能出现意外。

**首先,你要允许自己失败。**

"我必须拿下这次的客户!如果我的表现有一丁点儿差错,客户就会被对手抢走!我将犯下不可饶恕的大错!我会在同事面前抬不起头来,我的前途就毁了,我会一无所有!我将永远无法翻身……"

你的焦虑实在是过度了。而你的注意力则一直在"失败"这个后果上,完全无暇顾及如何摆平客户,恐怕失败的概率被你人为地提高了。

事实上,不如换一个思路:"这次的客户对我的确重要,但我可能成功,也可能失败,虽然我更希望成功,但失败也没什么大不了。我只需要像平时那样就可以。失败或许会让人难受,但我的生活并不取决于此。"

你要允许自己失败。因为没有人能够"必须"成功!而生活中某些事情——即使再重要——的失败,也不会真要了你的命。

**其次，要能够接受他人的态度。**

"我必须在比赛中获得成功！如果我表现得不好，那些家伙就会不停地嘲笑我，说我是个没用的小丑，他们会没完没了，简直太可怕了……"

你确实无法改变周围的环境和身边的人，这些和你一起组成了你生活的一部分。他们的态度的确会对你产生影响，其中一些可能让你反感、伤心或者暴躁，但别急着"过度运用"焦虑，请你尝试着全身心地去接纳这些，哪怕是恶意。

起初你会觉得很难，但当你接纳了这些，认为这些就是生活的一部分之后，你就不会再去关注它们。记住，你只要在此刻努力就好了。

**最后，不要过度夸大危害的部分。**

"我害怕我的孩子受到任何伤害。他可能会被欺负，可能遭到车祸、抢劫、诈骗、非礼、地震、雷击……我不能让他受到一点点伤害，我很担心……"

事实上，这些都是小概率意外事件，只要事先做好防护工作就会大大降低风险，比如遵守交通规则、不去危险地区、有自我保护意识、注意收听灾情信息等。

世界上并没有绝对的"必须"。希望你能将自己列出的"必须"进行分析，看看属于哪种情况。

明白了这一点之后，我们接下来介绍ABC理论。

ABC理论可以通过改变你的认知模式来调整你的情绪和行为。A代表事件，C代表结果，B则代表你的认知。

首先，A作为一个不愉快事件发生了，也就是情绪的触发点。在经历了A之后，你会得到一个结果C，即你的焦虑不安。

这看起来完全没有任何问题，不是吗？我因为经历了不愉快的事情，所以产生了过度的焦虑。

事实上，我们往往忽略了一个点——B。在经历了事件A之后，我们在心里进行了加工，对事态加以理解，最终才酝酿出C这个焦虑情绪。

也就是说，引起C的源头确实是A，但追根究底，却是源自你的认知模

式B。这也就是为什么在经历了同样的事情后，人们会有不同的反应，因为每个人在心里对这件事的理解和加工是不同的。

在认识到这一点之后，结合之前说的没有"必须"，那么在任何情况下，你都完全可以换一种思维方式。

所以，为什么不马上就换一种思维方式呢？

比如，马上要考试了，你又开始焦虑不安："万一考不好怎么办？监考老师会不会故意找我的碴？考试当天会不会肚子疼？我是不是并不是块读书的料？是不是放弃学习比较好？我的人生是不是完了？"

此时，你可以换一种想法："这次考试我会尽力，虽然我不能保证结果，但是考得不好也不能说明什么问题，我依旧可以通过各种方式来提升自己。或者就算我在读书上没有天赋，我在其他方面也有自己的特长，我依旧可以过得很好。"

显然，换一种思维方式你就可以得到一种截然不同的情绪。

如果你能做到这一点，那么恭喜你，你已经学会了理性思考。如果你的思维又兜转回到原地，那么你要马上转移注意力，让自己放松，同时进行这样理性的思考。

那么，最后你要做的，就是找到问题的合理解决方式。比如，担心考试考不好，经过理性思考后，可以接受好或不好的结局，不过这不能避免你要参加考试这件事情的发生。现在，你已经拥有良好的心态，可以去寻找好的复习方法，并且不顾结果地投入进去。最后的考试成绩就是给你的努力的回报——不管是什么样的成绩，都是你全身心努力的结果。如果最终结果并不满意，要对自己说："没人规定一定要成功，但我确实努力过。"

# 5种心理效应帮你摆脱焦虑

**【生存法则】**

### 1. 成败效应

成败效应来自教育学家的实验。他们设置一些不同难度的题目，让学生们自己挑选并作答。在观察解答过程的时候，他们发现了一些有趣的现象：能力较强的学生在成功解决了一个问题之后，便不愿意解决另一个相似的问题，而会继续增加难度进行挑战；而学习较为困难的学生在经过努力依旧失败后，却往往不会屡败屡战，而是会变得态度消极、垂头丧气，甚至对学习产生厌恶感。

因此，成败效应就是：在经过努力获得成功之后，人会获得激励而继续向前，这是成功效应；而在努力后依旧失败的情况下，人则容易感到极大的失望，这就是失败效应。

成败效应给我们的启示就是，要制定一个努力后能够达到的适当的目标，然后努力去获得成功，成功后在成就感的驱使下，就可以获得足够的前进动力，不断进行挑战。

对于泛虑症患者来说，战胜自己无所不在的焦虑是很困难的事。因此，可以从一些小的方面着手，给自己制定一些小的控制焦虑的目标，并且努力去达成。一旦获得成功，患者就会获得巨大的信心，然后会给自己提出一些新的目标。渐渐地，患者将在控制焦虑、战胜焦虑上获得很大的进步。

### 2. 刺猬效应

刺猬效应来源于一则寓言。在一个冬天里，有两只刺猬觉得很冷，于是，它们决定靠在一起相互取暖。它们靠得很近，虽然温暖，但彼此都被刺得生疼，鲜血淋淋。于是，它们想了个办法，将距离稍微拉开一些，彼此都能从对方的体温上取暖，同时也不会伤害对方。

刺猬效应讲述的就是心理距离效应。也就是说，在日常生活中，如果我们能适当地拉开一些距离，减少彼此之间因太近距离接触而产生的压力，但却依旧保持相互之间的"温暖"，那么将会生活得更好。

泛虑症患者尤其应该学会把握心理距离。他们往往因为无法适当地把握心理距离而引发各式各样的焦虑，如果能够给予适当的空间，那么多方面的焦虑感都会大大缓解。

### 3. 黑暗效应

通常情况下，男女双方约会都会选在一个光线幽暗的环境下，这时双方的感情很容易迅速升温。这就是黑暗效应。

为什么在黑暗中人们反而会变得更加亲近？首先，这里的黑暗是有前提的，也就是说应排除危险因素，不会让人产生恐惧。一般来说，在光亮之下，人们很自然地会进入戒备状态，隐藏自己的弱点，调动感官对对方察言观色，根据情况来决定自己的表现。而在黑暗中，你们看不到彼此的表情，不需要察言观色或伪装，也就会自然放松下来。同时，在黑暗中，人会产生一定的脆弱感，对同处于黑暗中的同伴会更加信任和依赖。所以，在黑暗中往往会产生奇妙的感情。

泛虑症患者也可以尝试这种方法，当然，必须是在没有黑暗焦虑的情况下。你可以尝试在一个光线柔和、感到安全放松的环境下，和家人朋友进行交流，这可以适当地缓解焦虑感。

### 4. 蝴蝶效应

如果亚马孙河流域中的一只蝴蝶扇动了它细小的翅膀，对周边的空气产生了微弱的气流，而这微弱的气流会对周围的空气产生一定影响，这样下去，最终便会形成一系列连锁反应；两周后，这一系列连锁反应则可能引起美国得克萨斯州的一场龙卷风。

蝴蝶效应就是指这种细微变化引起的一系列连锁反应，最终对某些方面产生重大影响的现象。这种影响可能是好的，也可能是坏的，也可能无法评价其好坏。

从心理学的角度来说，对一件事情的认知、感受、情绪、态度等有一些细微不同，那么就可能在日后引发行为的重大不同。

对泛虑症患者来说，一种细微的担忧都可能演变成一种巨大的焦虑。而一个细微的积极观念，则可能使人的状态得到改变，并且令焦虑的程度得到缓解。

### 5. 空白效应

人都有很强的联想能力，空白效应就和这项能力有关。人在对事物进行感受时，如果感觉到不完整，也就是存在空白部分，那么就会不自觉地在脑中进行联想，并按照自己的理解将这些空白填满，形成一部完整的"作品"。并且，联想出来的结果往往会让人印象深刻。

泛虑症患者对很多方面感到忧虑也和这种心理效应有关。他们往往在接触事物之后，遇到空白部分就自动展开不良的联想。而因为这种联想容易让人印象深刻，他们会不断地强化这种联想，最终屈服于这些不良联想之下。

要消除这种因空白效应而产生的不良联想，最好的办法就是减少空白。也就是说，泛虑症患者应该尝试更加全面地认识事物，通过获取更多的信息、增加已知的既定事实来减少空白，压缩进行不良联想的空间。

必须这样做,根本停不下来——

# 强迫症

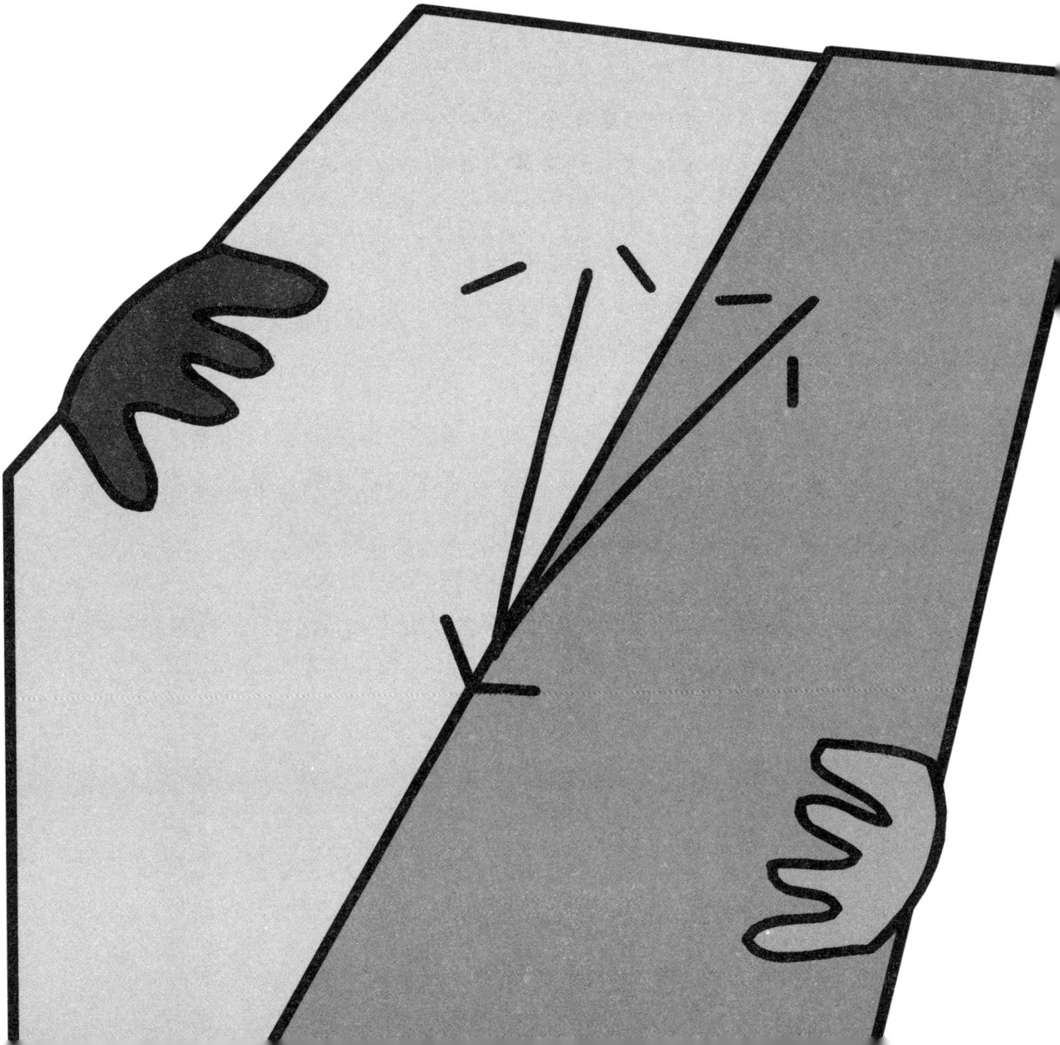

## 【精神病自测】看看能给你的强迫症打几分

请你找一处安静的地方,回忆自己最近三个月的情形,根据实际回答下面的问题。

1.你是否总是感到自己做得不够好?
2.你是否做事总是很慢,以确保自己不会出错?
3.你是否在做一件事情的时候必须反复检查?
4.你是否看到别人做事情没做好就觉得别扭?
5.你是否无法容忍别人出错?
6.你是否总是在内心反复重复同一个观念?
7.你是否总是回忆过去的场景,并且无法自拔?
8.你是否总是喜欢追根溯源、穷思竭虑?
9.你是否总是反复做毫无意义的某个动作?
10.你是否有严重的洁癖?
11.你是否对于物品的摆放有严苛的要求?
12.你是否会有一些奇怪的原则,并且严格遵守?
13.你是否认为自己的想法或行为是有强迫性的,但你无法阻止自己?
14.你是否认为自己的想法或行为是有强迫性的,并且为此感到痛苦?

以上14个问题中,如果你的回答有4个以上为"是",那么你可能有强迫症倾向;如果你有7个以上的回答为"是",那么你很可能患有强迫症,建议到专业机构做一下鉴定。

强迫症大概是日常生活中被使用频率最高的心理学术语了。似乎每个人都有那么一点强迫症,而每个人又多多少少会"痛恨"强迫症。这一章我们就来看看让人又爱又恨的强迫症。

## 强迫思维？强迫行为？

【问题】

最近，网上流行一种很不厚道的玩法，叫"逼死强迫症"。起初大家主要是为了黑一个星座，叫"处女座"。据说处女座的人都是超级强迫症患者，所以这个游戏最开始叫"逼死处女座"，后来大家玩嗨了，干脆扩大打击面，整个强迫症群体都成了"受害者"。

比如，前一阵子微信上十分流行的"小红点头像"，即将普通头像的右上方模仿微信提示信息标上一个红色数字，来告诉你收到了几条消息。一般有强迫症的人看到这些一定要点击进去，退出来时看到数字消失，才会心里舒服。可是这种小红点头像就不一样了，它本身是无法被消除的，所以强迫症患者会不断点击，纠结于此，恨不得和用这些头像的朋友绝交。

于是，广大群众抱着"强迫症好讨厌"和"强迫症好好玩"的心态，一路将这个玩法发扬光大，陆续在网上出现了"错位图片"（使人强迫矫正，可是你矫正不了）、"弄脏图片"（使人强迫清洁，可是你清洁不了）、"各种没有结尾的动图"（使人强迫结束，可就是不给你结局、难受死你）等一系列玩法，并且不断升级，乐此不疲。有段时间，我都怀疑强迫症患者是怎么上网的。

虽然大家玩得不亦乐乎，但是，是否有人真的了解强迫症呢？

所谓"强迫症"，主要是在思维和行为上有强迫性表现，同时会有意识地进行反强迫，在二者的冲突中始终是强迫性表现获胜。因此，患者不得不迫使自己忍受强迫性表现，且无力进行反抗，就好像深陷在一张巨大的网中，你越是挣扎，却被束缚得越紧。这给患者带来巨大的精神压力，并在一定程度上影响日常生活。

强迫症主要有两种表现形式，一种叫"强迫思维"，一种叫"强迫行为"。

强迫思维分为强迫观念、强迫情绪、强迫意向等，表现上有强迫回忆、强迫怀疑、强迫对立等，这些都可以从字面意思上来理解。强迫思维会在

脑海中不断强化，不会被其他思维代替，也不会因主观意愿而停止，反而会因为对它们的抑制而变得更加强烈，就仿佛是它们将你施加给它们的力又反弹给你一样。

举例说说常见的一些强迫思维，比如"孩子只要外出就会受伤""碰到脏东西我就会得病""如果我不完美就会被抛弃""我怕门窗没有锁好""在我看不到的时候会有人对我的食物动手脚""我也许会在无意识的情况下杀人"……

下面我们来说说一个小萝莉，我决定称她为"小红烧肉"，简称"小红"。

小红是个可爱的小女孩，不过她也有烦恼，那就是她的父母时常吵架。这对夫妻吵架的焦点就是孩子的教育问题。两个人平时十分恩爱，一副"说好了做彼此的天使"的中国好眷侣模样，但是一涉及教育小红的问题，顿时天使变魔鬼，眷侣变仇敌，两人会吵得不可开交甚至大打出手。一个要让孩子接受传统教育，琴棋书画样样精通，一个要让孩子去国际学校与世界接轨；一个要让孩子走遍大好河山增长见识，一个要让孩子安心在家搞好成绩。总之是各说各的理，谁也不让谁。

夹在中间的小红看到父母这样，总是又惊又怕，但是，一个是自己最爱的爸爸，一个是自己最爱的妈妈，他们又都是为了自己好。该怎么办呢？

这时候，一个念头闯入了小红的脑海中："要是没有我就好了。爸爸妈妈就不会吵架，就会像平时一样开心了。"这个念头一下子占领了小红的整个身心。从此，每当父母吵架的时候，这个念头就会闯入小红的脑海。后来，即使在没有发生什么的情况下，这个想法也会闯入小红的脑海，并强迫自己一遍一遍地想："要是没有我就好了……"小红想要抑制这种想法却无能为力，反而使它变得更加强烈起来。

没错，小红就是因为家庭环境带来的焦虑形成了强迫性观念，并且自己无法消除，反而不断地将这个观念培养长大，并逐渐定形，最终为她的成长带来了很多负面影响。

事实上，强迫思维在最初往往只是让患者自身感到困扰。这会让其行为产生一定的改变，但可能只是让人"感到奇怪"，并没有引起足够的重视。而强迫思维一旦形成，那么强迫行为就会出现了。

为什么强迫症患者会出现强迫行为？其实强迫行为往往是为了抑制自己的强迫思维。比如，总是怀疑门窗没有锁好，这种强迫怀疑在脑海中不断重复，导致的行为就是回去检查。检查的时候，这种强迫怀疑得以暂停，但这种强迫怀疑是持续不断的，因此也就有了强迫性地反复检查的行为。

至于那些总是担心自己不完美而会被抛弃的患者，为了抑制这种强迫想法，就会强迫自己每件事都做到完美，并且在细节上达到标准要求。只有这么做，才能让强迫思维得到暂时抑制。而长时间的强迫性行为后，患者会依据自己的"套路"形成一定的程序或仪式。

小六就是个典型的强迫症患者，他有严重的强迫整理行为。他家里所有的东西都有固定的位置，所有的事情都有固定的顺序。自从发现这一点后，我就总爱送他茶叶、沙画、乱七八糟的线团什么的，然后看他一根根、一粒粒、一条条地整理好。后来，他就拒绝收我送的东西了。

也正因为如此，一般他都拒绝我去他家。他不仅爱自己整理，还爱帮助别人整理。有一次他来我家，看了一眼就开始翻天覆地大整理。后来，我在墙上按死了一只蚊子，留下了一个小黑印，小六整个人就都不好了。我用海报贴在墙上，挡住了那个小黑印，可是小六依旧焦躁："那个印还是在那儿！"等我们把海报从墙上揭下来，四个角又留下了胶印，这下小六彻底抓狂了。最后，我俩把墙重新涂了一遍他才罢休。

不过，他再来我家的时候，每次都能准确找到那个曾经有小黑印的位置……

## 【案例】女神的包袱：化妆强迫症

我曾经看过一则国外新闻，说某处住宅发生火灾，情况十分危险，可这家女主人死活不肯逃生，理由也很奇葩："我还没化妆，所以我不能出门……"于是在这危急时刻，她淡定地坐到了梳妆台前……

一般来说，在"要吃还是要瘦"这一命题面前，大多数女人都会毫不犹豫地选择瘦。现在看来，在"要命还是要美"的命题前，也会有女人坚定地选择美。事实上，这就是化妆强迫症。

我们故事的主人公小B也是个视美丽高于生命的女子。小B是一位高级白领，面容姣好，身段玲珑，如果以1~10分来评定的话，小B完全可以得12分，可以说是不折不扣的女神级别的人物。

不过，做女神是要付出代价的。要成为美女有这么几个手段：整容、化妆、修图。无论是怎样的美女，都不会想要真的"素面朝天"，而是要用妆容来修饰自己。

小B每天早上4点钟就会起来化妆，从敷面膜开始，整整3个小时，她才能完成精致的妆容。中间的过程但凡出现一点差错，她就会从头再来，一直到顺利完成为止。

"最严重的一次，我要参加一个聚会，可是不知道为什么，不是眉毛画歪了，就是眼线画重了。我花了整整一天的时间才化好妆，可聚会已经结束了。"

即使是在周末，小B也毫不松懈："就算是休息在家，我也要化3个小时妆，因为我不确定这一天会出现什么情况，也许我得下楼买酱油，也许快递会上门来送货，也许会有人来查水表，也许会有朋友来拜访……不化妆我就不能见人，否则就会浑身冒虚汗。"

"有一次半夜突然惊醒，觉得家里有声音，心想是不是进了小偷。然后我心里一惊，第一反应不是担心安全，也不是报警，而是——我还没化妆。"

至于在公司的时候，那就更不得了。"公司美女如云，每个人都妆容精致。而且，女人的妆容就是她们的一种语言，是个性、品位、格调甚至能力。我总是怕自己的妆容有什么不妥之处，给人落下话柄。我每天做得最多的就是照镜子，甚至连开会时也是。我知道自己常被说成是花瓶，其实我是名牌大学毕业，虽然不敢说自己多有天分，但我绝对是凭能力打拼的。"

"偶尔想要停下来，尝试不化妆，可出门时却两腿发软。想到大家在网上吐槽化妆前后的对比时，我就觉得难受。我总会想象人们指指点点的样子，也会想象其他人嘲笑我的样子。我只好重新化好妆，一瞬间阴霾一扫而空，好像这样才是做回了自己。有时候想想，真的觉得心酸，觉得自己活得很累很虚伪。面对自己镜子里的妆容，一时就会恍惚，忽然分不清我究竟是在化妆，还是在给自己戴上面具。"

## 【现象】 手机癌&囤积症

所谓"手机癌",就是你对手机的依赖已经到了无药可救的地步,基本算是"癌症晚期";换句话说,就是手机强迫症。

现代人最亲近的事物恐怕非手机莫属。想想,你是否在任何时候都手机不离身?上班时玩手机,下班路上玩手机,回家睡觉前还是玩手机。甚至有时候,你只是打开手机里的某个软件,随便翻一遍便关上,如此循环往复,也能消磨好几个小时。

我想很多人都会经常这样:没什么事,就是拿起手机,解锁,漫无目的地看上一眼,然后放下。旁边要是刚好有个好事者问你:现在几点了?你肯定一脸茫然,重新打开手机看上一眼,才能报时。如果你认真统计的话,这种无所事事解锁手机的情况一天得发生几十次,如果你特别闲或者压力特别大,一天能达到上百次。

当一个人手机响了,不管铃声是否和你的一样,你都会习惯性地拿起自己的手机看一眼。或者,不管干着什么,都会拿起手机看看,虽然手机根本就没响。

如果你出门忘带手机,上班又快要迟到了,你会怎么办?选项一,回家取手机然后迟到;选项二,不带手机准时到单位。

你怎么选?告诉我你是不是一边纠结一边回家拿手机!因为若是一整天手机不在身边,你做什么都会精神恍惚……

每天与手机寸步不离,简直就是人在手机在,人亡手机亡。恭喜你,你的手机癌已经深入骨髓。

人们对手机的强迫性关注,源于一种"害怕错过重要信息"的焦虑。当然,其实大多数情况是——根本就没人找你。

现今,手机是十分重要的通信工具,重要到它甚至已经成为维系人与人关系的第一道具。所以,你经常看到有人一遍一遍看各种交友软件,查看电话和短信。其实,这无非就是源自对社交的焦虑,对情感的焦虑,以及对自我认同的焦虑。对于手机强迫症来说,与其说是"害怕错过重要信息",不如说是"期盼每一条信息",说白一点,就是希望有人想着自己,以此来安抚自己对社交、情感和自我认同的焦虑感。

除了手机强迫症之外,日常生活中常见的还有另一种症状:囤积强迫症。

不知道你有没有这种情况,就是不停地"买买买",买完了也不用,就那么一件件安置起来,大有不仅要"曾经拥有",更要"天长地久"的架势。很多东西即使坏了烂了,你也不舍得丢掉。对于你的每一件东西,你都能细数它们的历史,赋予它们与众不同的含义,比如"去看歌手演唱会时手背贴的创可贴""买娃娃时用来承装的大纸箱""小学三年级时最喜欢的裙子"……

你是不是觉得自己是个怀旧的人?你对每一件东西都充满感情,提起它们时瞬间记忆力爆发,每一样都能说出一二三来,因此,扔了任何一件东西都会让你心如刀绞。很多东西,你都以一种"说不定什么时候会用上"的心态宽慰自己,其实只是给自己找个不丢弃的理由。

因此,新的、旧的、用得上的、用不上的东西一大堆,而你享受着这种"左拥右抱"的感觉,那么我就要对你说:"你好,囤积强迫症患者。"

囤积强迫症有另一个好听的名字,叫"收藏癖"。但是,这两者是不能混为一谈的。所谓"收藏",指的是有针对性、有选择性地进行收集,对不符合自己收藏要求的会及时清理。同时,收藏往往意味着能给你带来生活情调,而不是带来精神压力。

囤积强迫症往往源于一种占有欲,对大量物品的占有能让人产生一种类似"我的我的都是我的"的奇妙的安全感,即便这种无意义的占有严重压缩了自己的生活空间,降低了自己的生活品质。儿时精神上或物质上的匮乏,很容易引起日后的囤积强迫症。

顺便一提,如果你女朋友喜欢买很多衣服和化妆品放在家里,那么她应该不是囤积强迫症,她只是女人而已。

## 【解答】强迫症自救手册：二法让你停下来

其实，完全不需要有"逼死强迫症"这个活动，因为就算没人逼，强迫症们也会自己逼死自己。可以说，强迫症患者每天脑内都在经历着世界大战。

那么，在这一节，我来给大家介绍两个方法，这两个方法绝对是你摆脱强迫症控制的利器。

### 1. 打地鼠游戏——思维阻断法

思维阻断法主要用来抑制强迫性思维，从字面上来理解就是，当患者出现了某种强迫思维时，利用外部手段，人为地将其中断。在反复多次后，为患者建立一定的条件反射，促使强迫思维逐渐缓解，慢慢消失。

要想使用思维阻断法，你首先要认清自己的哪些思维属于强迫性思维。你可能会有强迫怀疑、强迫回忆、强迫穷思竭虑等，你要认清你的哪些思维属于这些情况。

接下来，你要让自己尽量放松。闭上眼睛，做几次深呼吸，晃一晃你的头，甩一甩你的手腕脚踝，然后以一个尽量舒适的坐姿靠在椅背上。

下面，打地鼠开始喽！你要让注意力集中于自己的思想，一旦出现了强迫思维，你要将其分辨出来，并且要像打地鼠一样，"啪"地把它打回去，嘴里大喊一声"停"，同时，手里拿着一把小锤子，在桌子上用力敲一下，让这个刺耳的声音警醒自己。

这个过程中，你要注意计时。在你开始集中注意力的同时，按下计时器，直到你用小锤子敲桌子结束计时。在重复的训练之下，如果时间在逐渐延长，那么就说明思维阻断法对你是有效的。

准备好了吗？开始打地鼠了哟！

### 2. 让子弹飞一会儿——15分钟法则

前面讲到的"打地鼠"的思维阻断法主要是用来针对强迫思维的，下面介绍的这个15分钟法则则是针对强迫行为的。

所谓"15分钟法则",就是说,当你产生了某种强迫思维之后,为了消除这种强迫思维而不得不采取行动的时候,先别着急,停下来,让子弹飞一会儿,不用太久,15分钟就行。

比如,你出门后会回来强迫检查门是否锁好。那么,当你想要这么做的时候,别着急,把这个反应的时间向后延缓15分钟。

不过,这15分钟可不是什么都不做地干等着。这15分钟里,你有几件事情要做:

一是"再确认"。所谓"再确认",就是认清当下自己想要回去检查门是否锁好这件事情属于强迫行为。

二是"再归因"。在意识到这是强迫行为之后,不要抗拒。告诉自己:"并不是我想要这样做,而是强迫症在作祟!"没错!强迫症并不能替你做主!

三是"转移注意力"。找一些你感兴趣的东西,玩游戏、打篮球、看小说……什么都行!总之,将注意力集中在那上面。然后,重点来了!你可能还是无法集中注意力,因为你心心念念的都是你要去检查门锁没锁。但是,你要将注意力不断拉回自己正在做的事情上,然后坚持15分钟!

四是"再评价"。看看自己和强迫症战斗的过程,简直就是惊心动魄!你要再次接受自己有强迫症的事实,并且要知道你是和它斗争的勇士。不要觉得自己犹豫不决,总是要向它屈服,其实你已经很了不起了!告诉自己在不断地进步着,总有一天会成功的!

"再确认""再归因""转移注意力""再评价"是治疗强迫症常常用到的四个步骤。即使不和15分钟法则一起应用,也可以时常帮助你缓解强迫症。

有人会说:"我实在是坚持不到15分钟,怎么办?是不是我就是败给强迫症了?"

要知道,你的对手非常强大,你可能不能一下子就取得良好的效果。那么,你可以将目标先定在5分钟,然后10分钟、15分钟,接下来是30分钟、60分钟……也许你不能立刻完成目标,但是最重要的就是坚持下去。

记住,当强迫行为的冲动到来的时候,先别着急,让子弹飞一会儿!只要坚持下去,就一定会有收获哦!

　　另外,你也可以用食物进行辅助。很多食物都含有有益的营养元素,对人的情绪有良好的作用。比如,香蕉含有生物碱,可以提高你的自信心,减少忧虑感;燕麦含有维生素B,可以让你情绪平稳;谷类食物含有微量矿物质,可以让你积极向上。而酒精、咖啡、糖分则会加重你的焦虑感,应控制摄入量。

【生存法则】

# 5种心理效应帮你缓解强迫症

### 1. 阿基米德与酝酿效应

古希腊有个国王，命人做了一顶纯金的王冠。虽然重量和他提供的金子一样，但他还是怀疑工匠是否用银子偷梁换柱了。于是，他要阿基米德在不损坏王冠的前提下，验证王冠是否是纯金的。

这可是个大难题。阿基米德日夜冥思苦想，经过了各种各样的计算和尝试，但还是没有成功。他非常疲惫，于是决定先去洗个澡放松一下。他坐进浴盆中，将身体浸泡在水中，非常舒适。

忽然，他发现自己坐在浴盆中时，有一种力量将他的身体轻轻向上托起。他恍然大悟，从而发现了浮力的秘密，借此解决了这个难题。

阿基米德在竭尽全力思考后，暂时放下疑问，经过了一段时间后，发现了问题的答案。这就是酝酿效应。

在强迫症患者中，有强迫思维的人，在不断思考一个问题而得不到结果的时候，可以告诉自己，这个问题我暂时放到一边，在经过一段时间后，遇到某一个契机，那么答案可能就会浮现出来。在遇到强迫思考的情况下，可以用这个效应来提醒自己，并且逐渐放松，回到正常的思维中。

### 2. 巴霖效应

我们平时在看星座、性格测试等时，都会觉得结果和自己很相似，其实很多测试往往只是很笼统的对人的描述。当我们看到这些的时候，思维会自动从这些一般性描述中优先选择和自己相符合的信息，或者选择自己愿意接受的信息。这就是巴霖效应，也叫"巴纳姆效应"。

巴霖效应描述的其实是人的一种求同心理，在求同的过程中，人们也可以进行自我肯定和自我认同。强迫症患者在巴霖效应的作用下，很容易在某些方面"对号入座"，对自己的强迫思维或行为进行进一步认同，并在观念中将其合理化。

而强迫症患者也可以利用这个效应。在看到一些积极信息时，巴霖效应

同样发挥作用：患者会在这些积极信息中进行求同，看到与自己相符的部分，发掘自己向上的一面，不断强化积极的一面，缓解强迫症状。

### 3. 环境效应

所谓"环境效应"，指的是自然过程或人类活动给环境带来的变化，而这些变化反过来又对人类本身产生影响。

例如，近年来，人类所消耗的能源急剧增加，排出大量二氧化碳，对森林植被破坏严重，环境对二氧化碳的吸收减少；在这些原因的共同作用下，空气中的二氧化碳含量不断增加，温室效应不断增强，引发了全球变暖、冰川融化、海平面上升、气候异常等一系列问题，同时对海洋生态、水循环、农畜牧业、世界经济结构，甚至是人口比例都造成了严重的影响。

环境效应应用到心理学方面同样适用。人处于社会环境之中，会对自身所处的小环境形成一定的影响，这种影响可能是正面的，也可能是负面的；而这种影响也会对其形成反作用，这种作用可能是正面的，也可能是负面的。

强迫症患者的强迫思维或行为往往会对其周边的小环境造成很大的负面影响，而这种负面影响同时也会反作用于患者自身，加深其焦虑情绪，增加其强迫行为。而当患者主动控制自己的强迫思维或行为，并且为自己所处的小环境做出考量和贡献的时候，那么小环境也会对强迫症患者进行积极的回应，让其处在一个宽松的环境里，从而让强迫症得到一定的缓解。

### 4. 霍布森选择效应

所谓"霍布森选择效应"，其实是一个思维陷阱。其源于17世纪在英国卖马的一个叫霍布森的商人。这个人说："我做生意是很公平的。你想买我的马还是想租我的马，都没问题，随便你挑。但是，你只能站在门边上挑。"他的马圈只有一个小小的门，人们只能挑到一些瘦小的马，因为高大肥壮的马根本就走不出来。可是，人们还是觉得自己"挑选"到了合适的马匹，却没有意识到，自己根本就没有其他的选择。

霍布森选择效应在强迫症患者身上的作用往往很显著。患者看似给了自己很多选项，事实则不然。他们实际上在其他选项上都标注了"此门不通"，只给自己留下一条道路，那就是他们一直强迫自己的那条路。

所以，强迫症患者一定要意识到自己陷入了霍布森选择效应的思维怪圈，在做决定的时候要认真考虑，自己是否还有其他选择，能不能有所改变。

**5. 毛毛虫效应**

著名的昆虫学家法布尔做过这样一个关于毛毛虫的有趣实验。他将很多毛毛虫排成排放在一个花盆的边缘上，让它们在花盆边上围成一个圈，不远的地方放着毛毛虫喜欢的食物。然后，毛毛虫们开始动起来，它们一个跟着一个，慢慢绕着花盆的边缘走啊走，夜以继日，不知疲倦，没有一只离队，更没有任何一只去奔向美食。它们只是单纯地跟着前面一只走下去，重复着毫无意义的事，最终就在美食旁饥饿劳累而死。人们用毛毛虫来比喻那些一味跟随的人，把因无意义的盲目跟随而引发不良后果的现象称为"毛毛虫效应"。

毛毛虫效应在强迫症患者身上体现得十分明显。但是，他们跟随的不是别人，而是自己之前的思维或行为习惯。他们并不思考这些思维或行为的意义，只是因为习惯而进行跟随或重复，便加强了强迫现象。

强迫症患者在生活中应注意自身是否有"毛毛虫"现象。强迫自己想某个问题，或者强迫自己出现某种行为，这是否只是在跟随从前的习惯，而忽略了这种思维或行为是否有意义。一旦发现这些，患者就可以尝试让自己摆脱"跟随"的状态，重新进行选择，向着更加健康有利的方向发展。

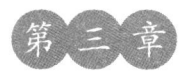

# 第三章

## 无法摆脱的精神天敌——

# 单一恐惧症

## 【精神病自测】

# 你是单一恐惧症的一分子吗?

请你找一处安静的地方,回忆自己最近的情形,根据实际回答下面问题。

1.你是否对某种特定的事物或者场景有极其深刻的恐惧心理?
2.你是否恐惧某种动物,例如,蜘蛛、鸽子、蜜蜂、猫等?
3.你是否恐惧某种自然环境,如森林、花朵、飓风、雪等?
4.你是否对血液、注射、伤害怀有深刻的恐惧,如打针、流血、刺伤等?
5.你是否对某种特定的情景怀有恐惧,如夜晚、孤单、乘坐电梯等?
6.你是否对其他方面怀有某种特别的恐惧?
7.你是否认为从普遍意义上来讲,你对该事物或者场景的恐惧是不合理的,或者是过分的?
8.你是否时常担心会遇到自己所恐惧的事物或者场景,哪怕实际上遇到的概率微乎其微甚至并不存在?
9.你是否会采取一系列的措施,来"确保"避免遇到自己所恐惧的事物或者场景,或是不断逃离?
10.你是否对于你的恐惧无法自控?
11.你对于该事物或者场景的恐惧是否已经严重影响到了你的日常生活,如工作、学习、家庭、社交等方面?
12.你是否很少或者从未接触过你所恐惧的事物或者场景?
13.你是否对你所恐惧的事物或者场景有某种印象深刻的回忆?
14.你是否担心你在接触到你所恐惧的事物或者场景后发生极其可怕的后果?
15.你是否除了在你所恐惧的事物或者场景之外,都算是一个勇敢的人,甚至敢于面对更加危险的事情?

以上15个问题中,如果你的回答有5个以上为"是",那么你可能有轻微的单一恐惧症倾向；如果你的回答有8个以上为"是"，那么你很有可能患有单一恐惧症，建议到专业机构做一下鉴定。

单一恐惧症有时候在旁人看起来近乎可笑，不过对当事人来讲，可就没那么有趣了。

【问题】

## 看一眼就吓死？

有一个小学妹得意地告诉我，他们班原本最牛的男生现在对她很是恭敬。我毫不犹豫地拆穿她，说："妹啊，看你胖成这样，他肯定不是觊觎你的美色吧？"

小学妹话锋一转："当然，仅靠美色是不够的，我有杀手锏。"

"这杀手锏是什么玩意儿？"

"杀手锏就是三个字——荷包蛋！"

我吓了一跳，以为小学妹的厨艺已经到了如此"惨绝人寰"的境地。

不过，听了小学妹的解释后，我明白了，这小帅哥敢情是个单一恐惧症患者，而他恐惧的对象就是——荷包蛋。

竟然有人害怕荷包蛋？在笑之前，让我们先来了解一下单一恐惧症。

单一恐惧症是指对某一特定环境或特定物体的恐惧，且这种恐惧一般是不合理的，其感受到的恐惧与实际危险程度是不相符的。比如荷包蛋，在常人看来就是食物，完全没有战斗力，可它会让对它有单一恐惧症的人焦虑不安。

单一恐惧症患者害怕某些物体和环境，更害怕和它们接触的后果。他们认为自己会被所恐惧的对象伤害，不管事实是否如此。同时，这种心理不断被他们自己重复和强化，最后形成了条件反射式的恐惧心理。

不同的单一恐惧症患者所恐惧的事物也各有不同，其中包括动物类，如蜘蛛、猫、狗、蝗虫、蛇、青蛙、章鱼等；环境类，如阳光、黑暗、雷电、高处等；情景类，如乘电梯、乘飞机、去医院、独处、身体接触等；另外还有小丑、植物、武器、手术、细菌、灰尘等。

举个常见的例子，恐高症。有恐高症的人只要站在高处就会头晕目眩、焦虑不安，感到自己随时会掉下去。即使他们所处的位置十分安全，他们也会不断想象自己从高处摔下去的场景。严重的恐高症患者可能一辈子也不敢登上高处，站上椅子换灯泡这一日常行为对他们来说都是酷刑。

而我们前面说的那个小帅哥，对荷包蛋这种常人眼中的美食就抱有这种恐惧心理。只要看到荷包蛋，他就会瞪大双眼、浑身僵立，皱着眉头捂住嘴好像要吐一样，然后转身就跑。即使是听到这三个字，他也会非常不舒服。

有趣的是，对鸡蛋有恐惧心理的不止他一个。著名的惊悚悬疑片导演希区柯克擅长制造悬念，也擅长用恐怖场景丝丝入扣地将恐惧传递给荧幕前的观众，而就是这么一位"恐怖大师"，却也有着鸡蛋恐惧症！

单一恐惧症一般是怎么来的呢？行为主义学派认为，很可能是在儿童时期自身经历或目睹过相关的恐惧，或者是来自父母或他人的暗示而形成的。

比如前面说的那个小帅哥，他就在幼年时期有过这么一段创伤性经历。当时，他正和年迈的曾祖母共处，老人家突然病情发作，痛苦地倒地而亡。而前一秒，老人家正在吃的就是荷包蛋。对于荷包蛋的恐惧就这么深深植入了他的心里，十几年来一直困扰着他。当然，这是后来在对他进行催眠治疗时，专家才追溯到的记忆。

但是，这个理论也只能解释一部分恐惧症，还有很多奇异的恐惧症目前难以解释。

## 【案例】 快跑!那里有一只吉娃娃!

在说到这个案例之前,我想先问问我们的女读者,你在约会时遇到的最奇葩的对象是什么样子的?

和L君约会过的女生一致认为,他是世界上最奇葩的约会对象,因为这个一米八的强壮汉子会突然满脸惊恐地跳起来,拉着你就百名冲刺。当你去找让这位壮汉爆发出打破世界纪录般的速度的源头时,却发现那只不过是一只小小的吉娃娃。

就这样,有无数妹子被这种莫名其妙的情节惹毛,干脆愤愤然转身离去,顺便留下"你就单身一辈子吧!"的预言。L君一脸愕然,很快就安慰自己:"女人真可怕!但是没那个东西可怕!"L君从来不敢把狗叫作"狗",都得说是"那个东西"。

L君的事迹一传十、十传百,从此他成了约会绝缘体。所以,L君至今单身。不过,L君总是在别人叫他"单身狗"的时候一脸愤怒:"不许叫我'那个东西'——太恐怖了!"

很明显,L君是典型的单一恐惧症患者,他恐惧的对象就是狗。

关于L君为什么会这么怕狗,我们一路追溯到童年,发现是源于他小时候的一次经历。L君4岁时被一只狗追了整整半小时,吓得身体瘫软、号啕大哭,回家后高烧了三天。从此,这段惊吓就在脑中被他无限扩大,直到长大他还经常做这样的梦。

L君感到十分痛苦。即使只是想到狗,他也会浑身颤抖,直冒冷汗,眼睛瞪大,一边搜索周围是不是有狗,一边探寻最佳逃生路线,而双脚早已调整好姿势,随时准备跑出世界纪录了。

"我上下班的时间和路线都是固定的,因为那都是事先反复勘测好的。如果,有一天,不幸在路上出现了一只那个东西,我就会狂奔回家,然后打电话请假。如果,从此路上都会出现那个东西,而我又找不到新的路线,我就会辞职了。因为这样,我错过了很多好工作。有一次参加面试,因为办公楼外面有一只那个东西,我就直接放弃了。那可是世界五百强的企业,当时我已经经过了6轮的面试了,就差这最后一次了啊。"

"因为这样,我没办法出差,没办法旅行,没办法和家里人一起逛街,当然也没有女朋友。我总是绕过宠物商店或者宠物医院,我甚至尽量不去和养那个东西的人打交道。它们真的太可怕了,绝对是怪兽,肯定能入侵地球。你一定无法想象。太可怕了!"

L君又害怕又伤心:"可能你无法体会。当我看到那个东西的时候——我真的不愿意去回忆——总之,我会感到就像是被人扼住了喉咙一样,我无法呼吸了。我感到时间停滞了,却有一个庞然大物扑向我。而我的身体会先于头脑做出反应,于是我转身就跑。"

"因为这个,我常常被嘲笑。我也感到很丢人。有的时候跑回家我才想起来,我看到的只是一只刚出生的小……所以也许我不应该害怕,因为它很小。可是我依旧控制不了。"

"我认识一个马戏团的朋友,所以我就去求他让我摸摸狮子。平时的狮子看起来不像是在舞台上那么驯服可爱,而是带着些森林之王的威严。事实上,我甚至做好了准备,要是狮子发威,我就跟它干一架。不过,在朋友的帮助下,我还是顺利摸到了狮子。"

"在回来的路上我很高兴。我想我都敢摸狮子,肯定不会怕那个东西了。不过,在看到一只小吉娃娃的时候我还是马上就逃跑了……我敢摸狮子,可是还是连刚出生的吉娃娃都害怕……"

说到这里的时候,这个壮汉竟然哭起来,就好像还是那个4岁的孩子。

可以毫不夸张地说,世界上有多少种事物和场景,就有多少种恐惧。前面说到那个害怕荷包蛋的少年,你已经觉得匪夷所思?那你实在太天真了!

拳击手杰克,肌肉发达,帅气健美,在拳台上打倒了无数对手,也征服了万千少女的芳心。他甚至有两位保镖专门用来隔离热情的女粉丝。并不是杰克要大牌,而是他有女性恐惧症!

上到九十九，下到刚会走，只要是女人，都会让健硕的拳击手杰克心惊肉跳、战栗不已。那一个个或性感或可爱的美女搔首弄姿，在杰克眼里简直就是食人族要捕食之前的庆祝仪式。有一次，杰克不小心被某位女粉丝碰到手臂，竟然痉挛呕吐，当场昏厥，不省人事。

你要知道，走在街上的有一半是女人，拳击看台上热情尖叫的女粉丝，周围的女性工作人员，电视里的女性演员……对于杰克而言，简直是活在人间地狱里啊！

下面这位姐姐不服了：女性恐惧症算什么？姐姐我有通风恐惧症！

这位美丽的姐姐海娜，每天待在地下室里，吃的用的都是丈夫送来。别担心，这可不是什么家暴或虐待，而是海娜自愿选择这样的。原因很简单，她有通风恐惧症！风的流动对她来说无异于凌迟，甚至空调、油烟机、开门带动的空气流动都让她心惊胆战。海娜提起自己的通风恐惧症时眼泪哗哗地说："我最大的愿望就是能够制造一个真空的环境，有个吸氧器就行了。"

如果你说，这怕空气流动也没什么了不起，那我们聊点更"劲爆"的。61岁的老张，居然有酱油恐惧症！你没看错，就是酱油！

为什么会怕酱油呢？老张自己也说不出所以然来，但是他很清楚一点："为什么有那么多人喜欢它？这玩意就该下地狱！"

因此，老张坚决不去别人家串门，因为谁家都会有那么一两瓶酱油；坚决不去超市，因为超市居然有一大片区域都在卖酱油；不能去餐厅，该死的每盘菜里都有酱油！

单一恐惧症的打击面很广泛，甚至连连环杀手都会中招！某位著名的连环杀手K，杀了至少5个人，并且以折磨受害人为乐，而且手段相当残忍，看到受害者痛苦到扭曲的表情，他就会哈哈大笑。案发现场常常令许多警察都接受不了，着实令人发指。

就是这么一位变态连环杀人犯,居然也有单一恐惧症!而且他恐惧的对象居然和小孩子差不多,那就是——打针!

一个变态连环杀人犯居然对打针有恐惧!

在被捕后,最终他被执行了注射死刑。然而,注射本身给他带来的恐惧显然比死亡还要严重!"枪毙我吧!打死我!绞死我!只要别是注射!"

不过,单一恐惧症也会给人带来好的一面。比如,劳先生有严重的幽闭恐惧症,电梯自然是他的禁地。他在一座大厦的23层办公,却每天不得不走楼梯上下。后来,由于他身体情况不再适合爬楼梯,他不得不辞职。再度求职时,几个中意的公司居然都是在高层办公。一怒之下,劳先生决定创业,没想到,他居然有了自己的公司!

【现象】

# 拼瘦族,你在恐惧什么?

瘦一点!再瘦一点!拼瘦的女生,你们在怕什么?

某损友这样打击我:"你真是宽厚啊——站着够宽,躺着够厚!"另一损友马上接茬:"你戒指哪里买的啊?正好我缺一个手镯!"

当时虽然哈哈一笑,但是马上决定减肥。结果,努力了三个月后,胖了5斤……

放眼我们身边,似乎每个人身边都有那么几个准备减肥、正在减肥、已经减肥或者减肥失败的妹子。"瘦",似乎已经成为多数女生的追求。

我们这个时代,最流行的趋势是什么?那就是瘦!

杂志上的美女们个个骨瘦如柴,电视上的明星们个个都在传授减肥秘诀,女生们更是破釜沉舟地喊出口号:"要么瘦,要么死!"

对于一个女生,你可以说她笨,可以说她傻,可以说她脾气差,但是你要说她胖,她会找你拼命!

因为这是一个"瘦"者为王的时代!"瘦"甚至成为了一个女生是否成功的标杆之一!

因此,无数女生加入了拼瘦大军,什么节食只吃蔬果、超负荷运动、针灸按摩、吸脂塑形……甚至有人为了减肥,不惜吃猫粮和在肚子里养蛔虫,听着都让人觉得头皮发麻。为了能瘦下来,大家都很拼。

记得有这么个笑话:"我上个月瘦了12斤!""哇,你是怎么做到的?""我卸掉了两条胳膊!"

为什么"瘦"就那么重要?为什么女生会因体重秤上的数字而或喜或悲,甚至连很多男生都加入了这个队伍?

很简单,因为恐惧!

恐惧失去美丽!

现代流行的审美观就是"以瘦为美",似乎瘦就等于美。我有一个女性朋友,一米六多的个头,体重还不到八十斤,小腿跟我手臂差不多粗。结果走在街上,所有的女生都会羡慕地说:"哇,你看她,好瘦!"虽然语气无比真诚，但也许心里已经在盘算下一轮减肥计划了。

可是我知道，这位朋友的免疫力很低，十分容易生病。脱下上衣，根根肋骨分明，简直就是在骨头架子上糊了一层皮！就这样，她还是抱怨："唉，之前跑步，搞得我小腿上都有肌肉了，没有原来那样瘦了……"

听听，这还嫌自己不够瘦！

另一个朋友糖人就把话说得更加直接："这世界上所有好看的衣服都是为瘦人准备的！你看到自己身上那一坨坨肥肉怎么对得起那些衣服！"

所以说，在女生的心目中，瘦等同于穿衣好看，瘦等于美丽可人。对女生而言，失去瘦，就等于失去美丽！

恐惧失去自信！一旦被扣上"胖子"的帽子，那么这个女生百分之八十的自信也就垮掉了。如果一个胖女生很自信，那么她一定在某一方面很优秀，否则无法弥补她失去的那百分之八十，而在外貌上她肯定会给自己一个差评。

通常，人们对于"胖子"的印象是什么样的呢？懒惰，贪吃，不爱运动，笨拙，油腻，与时尚无缘……

被贴上了这样的标签，哪个姑娘能有自信？

而人们对于瘦人的印象似乎就好了很多：漂亮，清秀，勤快，灵活，有魅力……

认识个女孩子，胖乎乎的、憨憨的，很可爱，领导也很喜欢她，每天称她为"小胖姑娘"，然而，这丫头竟然偷偷哭了！然后立志减肥，终于成为大家眼中的窈窕淑女，人瘦下来之后，变得热情自信，气场都不一样了！昵称也从"小胖姑娘"升级为了"漂亮妮子"。

按说这本来是个美好的结局。不过，这女孩却依旧在减肥，直到面如菜色，备显憔悴，却仍挂着虚弱的笑容问道："我有没有瘦一点点？"

恐惧失去优势！瘦弱的女生更加惹人怜爱，更加让人关心，更加具有优势……至少女生都是这么想的。因为瘦才美丽、才更自信，那么理所应当更有优势。

可是，事实上呢？未必。记得某位老板在招聘的时候，有好几位漂亮的女孩子来应聘，条件都很好，但是他选择了比较珠圆玉润的一个，因为"看起来比较有福气"。

女生们总是在拼命减肥，拼命要瘦，甚至不顾自己身体条件想尽办法瘦身。其实，不过就是在恐惧失去美丽、自信和优势。

## 单一恐惧症的治疗：暴露疗法

前几年，在探索频道的《动物我最怕》中，罗宾·扎希欧博士向我们展示了她如何采用为期五天的密集暴露疗法，让这些有着各种各样动物恐惧症的人们获得新生。

暴露疗法是一种模拟患者害怕的场景，让他们暴露在自己的恐惧之中，并且不断刷新自己能够承受的底线，最终在真实场景中突破自己，不再恐惧的治疗方式。

这种治疗方式的要点就是，直面自己的恐惧，一步一步走向它，最后彻底打败它。

有一位J女士，她非常害怕蜘蛛。她在家里不敢开空调，因为害怕蜘蛛会从空调的缝隙里爬出来。她也不敢接近树木或草坪，因为她害怕有蜘蛛突然冒出来。总之，她觉得任何地方都可能被蜘蛛占领，而她必须小心翼翼地避开一切来自蜘蛛的威胁。她觉得自己的家是她唯一的堡垒，所以她会尽可能地不出门，避开各种藏着"敌人"的地方。她总会想象蜘蛛爬满全身的场景，然后为此颤抖不已。

很明显，对蜘蛛的恐惧不仅让她有很大的心理负担，还对她的生活造成了影响。

那么，罗宾·扎希欧博士是如何对她进行暴露治疗的呢？

首先，博士让她知道："你到我这里来寻求治疗，是因为你下定决心不再被这种恐惧所困扰，你要开始新生活，为了你自己，也是为了你的家人和孩子。"她帮助J女士坚定了信心，并且重申了目的。她也告诉J女士，暴露疗法的过程可能会很难，所以一定要坚持。

接下来，就开始了暴露的过程。那么，都是什么样的暴露呢？

首先，J女士要看一些关于蜘蛛的图片。各种各样的蜘蛛图片让J女士感到难受。她双臂护在胸前，身子侧倾，明显地在进行自我保护，并且出现强烈的逃跑欲望。但是，按照要求，她必须坚持看完这些图片。

而J女士回去休息的时候，房间里还被放上了蜘蛛的放大图片。虽然恐惧，但她还是依旧在房间里待了一晚。这对她来说，是重大的进步。

接着，便是让J女士看一些关于蜘蛛的视频。屏幕上的蜘蛛和图片上相比增加了动作，更加活灵活现，这让J女士感到严重的恐惧。她几乎是流着泪看完这段视频的，这让她非常痛苦。

而这一晚，在她房间里出现的是各种大大小小的蜘蛛模型。J女士在鼓励之下走入房间，并且和蜘蛛模型们待了一整晚。

接下来，J女士被带去宠物店参观各种蜘蛛。她依旧感到恐惧，并且十分想要回避。但是最终，她在博士的鼓励下观察了这些蜘蛛。而博士给她的礼物是一玻璃箱的小蜘蛛。

J女士当时感到非常惊讶和愤怒。在她看来，这简直就是要将自己逼上绝路。但是，一想到自己来此的目的，她最终勉强将玻璃箱抱回房中，度过了一晚。

这一定是她人生之中最崩溃的一晚。亲手将装有蜘蛛的玻璃箱带回房间是她的一个重大进步，这证明她正在一步步地直面自己的恐惧，虽然这巨大的恐惧让她感到悲伤和愤怒。

不过，接下来就是见证奇迹的时刻。博士将她带到装着很多蜘蛛的玻璃箱前，并且让她将手伸入到其中。J女士虽然抗拒，但经过前一晚的洗礼，明显已经强大了很多，犹豫了一会儿后便将手伸入其中，并且停留了一会儿。在伸进去的一瞬间，她依旧很害怕，但很快她就意识到自己居然做到了，随即变得异常兴奋起来。在博士的要求下，她把一只蜘蛛放在自己的手上，博士说："看到了吗？它并没有爬满你的全身！"最后，她还徒手将几只蜘蛛从一个玻璃箱中转移到另一个箱子中。

由此，她彻底摆脱了蜘蛛恐惧症。她说："我从没想过自己能做到这种事情。我居然让蜘蛛爬到我的手上，我还拿着它们！而现在，我毫发无损。"

【生存法则】

## 4种心理效应让你不再恐惧!

**1. 等待效应**

所谓"等待效应",是指当人们在等待某件事情发生的时候,由于时间的流逝而产生一定的矛盾感,而这种矛盾感也就是我们常说的心理失衡,会引发一系列态度上的变化。

人们等待的时间越久,就越容易产生消极心理,逐渐引发焦虑。这时,人们会改变自己的行为或态度,以此来释放焦虑。

比如,我们等了很久的公车,车都没有来,同时如果当时天气很冷,或者你赶时间,你的焦虑会加深。这时,你就需要做一些改变——你可以调整你的状态,把单纯地站在那里等变成来回踱步;你可以改变你的行为,换一种交通方式,等等。不论是哪一种情况,你都是通过"改变"来抵消"等待"给你带来的消极效应。

对单一恐惧症患者来说,"等待"是一件要命的事。在等待的过程中,恐惧会逐渐加深,这恐怕比面对所恐惧之物本身还要让人抓狂。患者往往以为自己所恐惧的东西随时会出现,他们需要时刻等待。

当患者出现这种心理时,可以马上调整自己的状态或行为,以此减少压力。比如,当你走在路上小心翼翼地观察着马路周围,提防着害怕的东西蹦出来时,不妨小跑几步、改变走路的步伐,来抵消"等待"所增加的恐惧,重新调整自己,以更加积极的心态去面对。

**2. 首因效应**

首因效应,也叫"第一印象效应",即在第一次接触某人或某物的时候,人们脑中会留下深刻印象,这种印象长久持续,比以后任何一次的接触留下的印象都要深,并且会"先入为主",影响以后对此人或事物的认识、判断。

单一恐惧症患者中,有相当一部分是受到了首因效应的影响。例如,在第一次经历某事时的遭遇,或者在接触某物之前他人的告诫,或者是在首次接触时，由于一些不知名原因所造成的严重的创伤性印象，都会形成严重的恐惧感。

如果单一恐惧症患者属于这种情况，那么应回忆自己首次接触所恐惧事物的过程，并且分析最初恐惧的原因，以此为出发点，渐渐消除恐惧心理。

### 3. 定式效应

定式效应指的是，当人对事物形成了固定印象的时候，在心理状态上就会出现一定的准备来应对之后相应的问题，并在感觉、知觉、记忆、思维、态度、行为等方面都出现这种倾向。

某位心理学家曾做过这样一个试验。他把大学生分成两组，并且向他们出示同一个人的照片。他告诉第一组大学生，照片中是一个十恶不赦的罪犯，而对第二组大学生说，此人是一个德高望重的科学家；然后要求他们用语言描述对照片中人的印象。第一组大学生事先认定了此人为"罪犯"，因此描述多为"凶狠""狡诈""目光中充满贪婪和残忍"。而第二组大学生因为事先认定此人为"科学家"，描述多为"聪慧""睿智""目光中闪动着智慧和思考"。而事实上，那只是张普通人的照片。

单一恐惧症患者对自己所恐惧的事物，因为已经形成了心理定式，自动"设定"其具有危险性，所以一旦遇到，即刻的反应就是"警报""我会受伤""我会死掉"，进而马上做出一系列反应，不假思索、不分析事实，只是根据心理定势进行活动。

因此，单一恐惧症患者在遇到"危险"时，应首先进行适当的分析，合理解释自己所处的境遇，并尽量不根据过去的经验而是依照当前事实进行判断。

### 4. 过度理由效应

人们会为了合理解释自己或者他人的某些行为而努力寻找原因，即使没有恰当的理由可以解释，他们也会继续寻找下去，直到找到"足够"的原因使其行为合理化。这就是过度理由效应。

在日常生活中，过度理由效应随处可见，如情侣双方之间出现裂痕，想要挽回的一方就会拼命为对方找理由，来解释其种种行为。

而单一恐惧症患者,则会为自己的恐惧寻找缘由。比如,一个人知道他对鸽子或其他事物的恐惧是不合理的,但他会从各个角度为自己找借口,比如"它会啄人""它代表恶魔""它的样子让我想到某部电影里的杀人机器"等,直到他认为自己的恐惧是合理的为止。

单一恐惧症患者可以尝试思索一个问题:"我为什么会害怕?"摆脱那些为自己过度寻找的理由,真正地与自己对话:"我为什么会害怕?"

# 第四章
## 请离我远一点吧,人类!——
# 社交恐惧症

## 【精神病自测】社交恐惧症,你中招了吗?

请你找一处安静的地方,回忆自己最近两个月的情形,根据实际回答下面的问题。

1.你是否因为在别人面前害羞而不开口说话?
2.你是否在不熟悉的人面前会非常紧张,害怕自己有令人难堪的表现?
3.你是否不敢在团体中发言,害怕自己的表现不得体,害怕被人嘲笑?
4.你是否害怕成为注意的焦点?
5.你在参加集体活动时是否会感到孤独、尴尬?
6.你是否在要进行某些特定的社交行为时,会紧张不安?
7.你是否极力避免参与社交活动,一旦不得不参与,便要忍受极度的痛苦?
8.你是否无法顺利融入某个群体?
9.你是否在团队合作中感到不适应,只想进行一个人或者尽量少数人参与的工作?
10.你是否热爱网络游戏胜过其他活动?
11.你是否在日常的工作生活中都非常依赖网络?
12.你是否会因为自己的外貌而自卑?
13.你是否会因为紧张而口吃?
14.你是否认识到你对社交的害怕是不合理的或者是过度的?
15.你是否认为你对社交的害怕已经严重影响到你的生活?

以上15个问题中,如果你的回答有4个以上为"是",那么你可能有轻微的社交恐惧症倾向;如果你的回答有8个以上为"是",那么你很有可能患有社交恐惧症,建议到专业机构做一下鉴定。

社交恐怕是现代社会中最重要的活动,其内容包罗万象,其作用更是不可小觑。但是,社交在给我们带来益处的同时,也带来了诸多压力,甚至有人对社交产生了深深的恐惧。但愿你不是其中的一员。

【问题】

## 赤面恐惧症？惧人症？

若干年前，我曾经采访过一个从事科研工作的小伙子。当时，门开着，我看到一个帅气的小伙子正神采飞扬地整理器材，眼里闪烁出快乐的光，足见他对自己的研究是真爱。默默在门外欣赏了十分钟后，我见他整理得差不多了，便敲门准备进去开始采访。

结果刚一敲门，小伙子整个人浑身一颤，转过头来惊恐地看着我。我当时以为他是因为太专注而被突然打扰所致，便解释说我是来采访的。不说不要紧，这一说，他的脸一下子涨得通红，额头上明显冒出了冷汗，结结巴巴半天没说出个所以然来，手上的器材差点打翻，而两只脚已然做好了逃跑的准备。

我顿时明白了，这小伙子有社交恐惧症。

社交恐惧症在现代社会简直太广泛了，可能很多人没有上面那个小伙子那么严重，但也都或多或少有不同的症状。比如，有的人现实中不敢和女生说话；有的人一到当众说话的时候就"掉链子"，大脑直接短路，恨不得晕过去；还有的人到了人多的地方就莫名烦躁，无法和多名小伙伴一同玩耍……

于是，这些朋友就蹲到墙角孤独地画圈圈去了，一个人哭喊着"我被世界抛弃了"。朋友们，擦干眼泪，咱们继续往下看。

社交恐惧症也有不同的类型，这里我们先说说赤面恐惧症。

赤面，顾名思义就是脸红。脸红往往是因为害羞、紧张、不自信引起的。有时和不熟悉的人说话，突然就血气上涌，整个人开启焦虑模式，气氛便忽然微妙地尴尬起来……然后内心里两个小人儿就开始掐架。一个说："人家是个害羞的宝宝。"另外一个说："你这样很丢人啦！要做个自信的人啊！"这俩小人儿谁也打不死谁，结果就是，赤面恐惧症升级了。

其实，这个过程就是社交恐惧症典型的两种心理模式：模式一就是害羞与不自信，表现为面临某种社交环境时突然变得脸红口吃，坐立不安；模

式二是强迫——让自己知道社交失败的经历是不好的,于是不断地强迫自己克服,但是由于没有科学的方法,也只是从精神上不断强化赤面恐惧症带给自己的不良后果——没有实质性的解决办法,只能徒增压力。两种模式不断交替进行,长此以往,赤面恐惧症症状升级,而当事人的压力呈几何级数增长,甚至会引发抑郁、狂躁等其他精神问题。

再介绍一种社交恐惧症,叫作"惧人症",也叫"对人恐惧症"。这类患者害怕人,更害怕与人相处。这种害怕,不是"那里有只小猫!好讨厌!"的害怕,而是接近于"小猫讨厌我了!怎么办!"的感觉。

也就是说,这类人本身并不是排斥人或者排斥与人相处,恰恰相反,这类人渴望与人接近。他们内心希望自己被认可,希望自己能融入人群。但是因为他们认为人们都讨厌自己,或者对自己有某种想法或偏见,于是便无法与人接近,从而对人产生恐惧。尤其是一些性格腼腆的孩子,容易压抑自己和进行自我谴责,他们会认为所有人都将自己的"错误"放大来看并且对其进行批判,于是惶惶不可终日,只好珍爱生命、远离人类。而事实上,别人并没有看到"错误"或者进行批判,这些都是孩子们自己的脑内剧场而已。

某个娇羞的少女小A,偷偷喜欢上了同班的男生小V。可是她很不自信,怕别人说自己根本不配喜欢那么优秀的男孩子。于是,她只敢默默地关注小V。这时候,她的好朋友对她说:"你知道吗,咱们班好多人暗恋小V哦"。于是我们娇羞的小A吓了一跳,自己对号入座了,心想,是不是被好朋友看出来了?然后,她看到同学们在议论班里谁喜欢谁,又惊了一下,是不是他们也在说自己,还在嘲笑自己?再然后,老师暗示大家要认真学习,不要过早陷入恋爱中。我们的小A就慌了,觉得就是在说自己。从此,她看谁都觉得别人知道了自己的秘密,觉得他们在议论自己、嘲笑自己、讨厌自己。她感到很忧虑,从此对人恐惧了起来。她不敢跟人接触,不敢和人说话,不敢与人对视,后来发展到不仅在学校如此,在任何场合都是这样。

实际上,没有人知道她的秘密,也没人嘲笑她。一切都是源于她的不自信和"丰富"的想象力。

【案例】

# 躲在电脑背后才能与人交流

**不说话,只进行脑内剧场**

认识小D是在网上,因为我们有共同的爱好,所以大有相见恨晚的感觉。记得我们第一次交换照片的时候,我看着她的照片吹了个口哨,飞快地发过去一句:"看你这身材,应该叫你小D吧?"她迅速鄙视了我:"看你这身材,叫你小A我都觉得亏。"

我哈哈大笑,觉得这妹子平时也应该是爽快开朗的样子。直到有一天,小D犹豫着说想要见我。

"我想和你聊聊,"停了一会儿她补充道,"见面聊。"

见到她的时候,我才发现,她是个极其安静的女孩子。坐在咖啡厅的一隅,摆弄着手机,抬头看到我的时候,脸还微微发红,有一瞬间快速地眨了眨眼睛,拿起手边的咖啡低头抿了一口,才又抬起头来,努力对我微笑。

这些动作都表示她很紧张。我挑起话头,聊了些我们平时在网上说的话题,她稍微放松了点,但回应很少。我停下来,问:"你在听我说话吗?都不吐槽我,不像你啊?"

小D又紧张了,说话微微结巴起来:"我在听,也在心里吐槽你。"她低着头坐立不安地摆弄了一会儿咖啡杯,忽然沮丧起来,"我没办法和人面对面交流。"

**剥夺自己存在感的方式要多少有多少**

"我感觉自己和别人之间永远隔着一层东西。"小D低着头,语气听起来很平静,"我不知道那是什么,我无法逾越。所以,我给自己想了个办法,那就是努力削弱自己的存在感。比如,别人讨论得热火朝天的时候,我就假装自己看书看得很入迷,什么都没听到;比如,大家在谈论某事时,我在心里默默吐槽,却装作根本没在听……"她咬着嘴唇,头埋得更

低了,眼睛看着桌子下面的某处。我知道她不敢看我,只有不看我她才能继续说下去。

"就这样,有意无意地,我剥夺着自己的存在感,只要不去和人群接触,就不会有烦恼。就这样过了几年,我很好。可是我心里也清楚,我身边的人都把我当成'无能女孩',什么都不懂,什么都不会,什么忙都帮不上。我只能在电脑前跟人沟通。"

**冰冷的电脑却温暖了她的表情**

说到电脑的时候,小D轻轻笑了一下。"我的几段感情都是网恋。在网上聊得很欢乐,简直就是灵魂伴侣。可是见了面之后,马上就变得吃力了。我不知道怎么办。我发现自己只会在虚拟的网络中做女王,却已经忘记了如何跟现实中的人交流。"

我听到她的声音渐渐哽咽,便轻轻递过去纸巾。她没有接。我把它放在桌上,回忆起在网上认识的那个小D,那是一个温暖霸气的女孩,给人干净爽朗的印象。

"那几段感情也就这样无疾而终了,我也不抱任何希望了。可是,当我离开电脑、走入人群的时候,却发现自己几乎变成透明的了!没人和我说话,没人会注意我在干什么。我有时候会怀疑自己在这世界上是不是存在,是不是我已经死了,所以大家都看不到我……"

"……我不敢和别人说这些。我知道你是学心理学的,所以我想也许对你说一说,你能理解我。"

"也许我能帮助你。"

小D摇摇头,打开笔记本,敲了一会儿。我很快就收到一条信息:"老子忍了很久了,你丫到底垫了几层?衣服都被你撑变形了!"回到电脑背后,她又变回了那个阳光开朗的少女。

【现象】

## 御宅族、洞穴族……三次元的社交到底有多可怕

御宅族一词源自日本，最初主要是指对动漫、游戏等十分狂热的人群，给人的印象往往是不修边幅、个性封闭、脱离主流文化、缺乏自理能力、永远过度支出等。这里我们说的御宅族不包括伪宅、同人宅、技术宅等这些人。

御宅族往往沉迷于动漫、游戏、手办等，足不出户，日夜欣赏，出门一定是去置办新货。他们对二次元达到了痴迷的程度，那就是他们的一切。他们往往分为两种，一是没有与外界沟通的能力，沉迷于二次元："天啊！我终于找到我本来的世界了！入口在哪里？"甚至在精神上他们已经居住进去了。另一种就是先沉迷其中，然后放弃与外界沟通的能力："怎么会有这么棒的世界！收留我吧！"他认为他已经不再需要与这个三次元的世界建立交流。

比如，有这么一位风一样的少年，在步入御宅的世界后，就勇敢地一去不回头了。用他的话说就是，他忽然"顿悟"了，曾经的日子简直就是浪费生命啊！他要追求人生的新目标！他要给人生新定义！于是他踌躇满志、精神抖擞地开始——看动漫！玩游戏！买手办！

同时，少年对身边的人和事都开始变得漠不关心起来。他逐渐放弃了自己在现实世界的社交能力。他不是不渴望沟通和理解，而是认为在二次元的世界中获得"沟通和理解"更方便。因为那一切都是在他脑内完成的，可以按照他想要的方式发展下去。而现实世界的沟通与理解则要复杂得多。因此，他用这种方式来逃避现实，同时也是在放弃现实。

洞穴族和御宅族完全不同。他们并不自闭，只是喜欢找个相对封闭的空间，独自在其中待着。他们能自给自足，有生活目标，但只是想要独自幽居。他们不是想要暂时闭关，而是想要长期这样独自地、相对封闭地生活下去。

洞穴族不喜欢和人接触，更不喜欢被打扰。他们沉浸在自己的世界中，

有自己的乐趣，同时极度反感社交。这也是社交恐惧症的一类群体。

以上说的这两个群体都在一定程度上对社交或社交形式采取回避、抗拒的态度，他们生活在自己的世界中。

【解答】

# 从情景预演走入真实社交

如果你有社交恐惧症,那么你就应该意识到这给你造成了多么大的困扰。

比如,小赵因为无法鼓起勇气和喜欢的女孩说话,所以连做备胎都没机会。

比如,小钱宁可上战场也不想在公众场合说话,不等张口已经舌头打结,为此,她甚至放弃上台领奖。

比如,小孙连在玩网游的时候都很少打团体战,只因为怕暴露自己的智商而被人笑。

不管是什么,请把社交恐惧症带给你的困扰一一列出来。等你写完,你会感到惊讶,原来社交恐惧症在你的生活中无孔不入,而你只能任其摆布。

那么,就是现在,请列出社交恐惧症给你带来的种种困扰,一项一项地写在纸上,看着它们,告诉自己,正是社交恐惧症这个罪魁祸首把你的生活弄得一团糟。否则,你会拥有美好的爱情,你会有很多好朋友,你会有大量人脉,你的很多方面都会变得顺利,你的生活将会变得不同。

现在看着你写的这些,不要再对自己说"我也想改变,可是我做不到",而要对自己说"我一定可以打败它,获得新生活"。

如果你已经认识到社交恐惧症给你带来的负面影响,并且下定决心改变的话,可以遵从以下5步。

**1. 情景演示**

所谓"情景演示",就是在真实社交之前自己进行模拟,包括可能出现的情况、要说的台词、要做的动作;不是单纯在脑内进行演示,而是要真正进行模拟。要说的话就要真正说出来,并且配合动作表情。这样,即使你真的到了社交场合,但是因为事先演练过,所以多少也可以做出一些。如果担心会忘记要说的话,可以给自己准备一些提示字条。

由于你是在和自己进行练习,所以尽管大声说出来吧!想说什么都可以,用什么样的语气都可以,你尽管尝试。你可能会觉得这么做显得傻乎乎的,但是,我要说的是,那些不想要改变的人才傻呢。对于你来说,如果成功了,你将拥有全新的人生;如果失败了,也只不过是在没人知道的地方"犯傻"而已,又会有什么损失呢?

你可以准备一个录音笔,模拟各个场景开口说话,并且把自己说的话全部录下来。回头再听的时候,你应该做的是仔细听听,哪里成功了,哪里还需要改进。

你还可以对着镜子仔细斟酌你的衣着、动作、表情等各个方面。因为面对面的交流不光是听你的声音和你说话的内容,人们往往先看到的是你这个人本身。你应该考虑好准备留给别人什么样的印象,说话的时候会做出什么样的动作和表情。要知道,很多美女不是天生就能笑得那么美,她们会私下进行练习,才能在舞台上笑得迷人。所以,你也可以这样做。

**2. 社交练习**

接下来,你应该实际操练了。对,就是到现实中进行社交练习。即便你还是有严重的社交恐惧症,没关系,你可以拿陌生人来练习。比如,跟陌生人说话、向陌生女孩搭讪、对着陌生人群演讲。人的一生中将遇到无数个再也不会遇到的人,他们就是你的练习对象。

你可能还是觉得缺少勇气。但是,有一点你要明白,他们只是陌生人。所以,就算你表现得不好,管他呢,他们又不认识你。

跟陌生人聊天,你可以准备一些简单的、对谁都适用的、容易引起共鸣的话题,比如天气、风景、新闻热点、幽默趣闻等,既不涉及个人隐私,又可以让对话愉快地发展下去。另外一个技巧就是,通过关键字进行延展。比如,你们说到天气,延展到雾霾,再延展到口罩,再延展到网购,再延展到网购的经历——成功的或者不成功的,然后再继续延展。另外,在对话较为深入的时候,你可以尝试在对方身上找一些话题,比如对方的服饰、性格、爱好等。

当然,如果你想要更多的练习,可以找不同的人群,比如年轻的女孩、晨练的阿姨、小商贩、白领、蓝领、游客等。你会从交流中发现乐趣。

### 3. 参与活动

在经过练习后,你应该真正地参与到你生活中的活动中来。回头看看你列的清单,社交恐惧症给你的生活带来了多少负面影响,你应该把练习真正融入到生活中,你已经做好了准备。

你可以参加聚会、和朋友联系、和喜欢的女孩子说话、跟同事一起去吃饭、跟领导打招呼、在会议上发表自己的观点等。你会发现,你不必勉强自己就可以做到这一切。你开始更多地和外界建立联系,你的社交生活正式开始了。

### 4. 挑战不适

在将你练习的技术运用到生活中时,你可能还是会感到很多不适。比如,你依旧会紧张、害羞、怕丢脸、怕被拒绝,等等;你依旧觉得自己无法适应这样的场合,你好像又回到了所有人都融洽地开着玩笑、只有你被冷落一旁的那个时刻。

这个时候,你最应该记住的一个原则就是——你没那么重要。你又不是在开记者招待会,你又不是在发表国家新政策,你又不是外交发言人,你只是在进行社交,你没那么重要,没有人会注意你是否丢人。你唯一要做的就是,别把情绪集中在自己身上,而是要放松下来。记住,没人记得你的窘态,也没人会嘲笑你的笨拙。消除这些不适感后,你便会渐渐地掌握社交本领。

### 5. 有效沟通

最后要做的,就是讲究沟通方式,尝试了解别人的想法,然后用适合的方式进行沟通。

你已经学会了如何跟别人交流,如何找话题,如何将对话发展下去,那么,最后一步就是要学会进行有效沟通。这个时候,你应该学会倾听,摸准对方的脾气秉性,结合其性格爱好,针对事情的关键要进行有重点、有效果地沟通。

【生存法则】

# 6种心理效应助你成为社交达人

**1. 双赢效应**

所谓"双赢效应",从字面来理解就是"你好我也好"。它强调的是双方利益兼顾,讲究的是和谐共创价值。

双赢效应一般应用在经济学中,强调在市场经济中竞争和协作统一,双方互相借力,彼此长足发展。

这一点对社交恐惧症患者来说同样适用。患者应当明白,社交同样是一个双赢的过程。在社交中紧张、害羞时,可以将这些人看作你的"竞争者",而当开始建立社交关系时,比如双方交谈时,将他们视为让你顺利进行社交的"协作者"。而你要做的,则是积极地推动社交继续进行。

**2. 共生效应**

在自然界中,某些植物在单独生长时往往十分矮小、发育不足,而与同类共同生长时则郁郁葱葱、充满生气。这种同类之间相互影响、相互促进的现象叫作"共生效应"。

人类世界中也有共生效应。一个人可能生存艰难,但如果是一群人,就可能会在性格爱好等各个方面相互影响、相互趋同,彼此向着一致的方向促进。

社交恐惧症患者可以尝试和一些非常活跃的人做朋友,并且在他们的影响下逐渐加入社交活动。同时,患者可以加入有共同兴趣的团体,与有同样话题的人相互促进、不断进步。

**3. 光环效应**

光环效应是一种以偏概全的心理认知效应。如果某个人身上有某种好的光环,人们自然而然会认为他在其他方面的品质也是好的;如果某个人身上有某种坏的光环,人们自然而然会认为他在其他方面的品质也是坏的。比如,一个学生成绩很好,我们往往认为他的德行也不错;如果一个女人做了小三，我们便会认为这个女人各方面都很坏。一个人的某一方面往往就会成为他的光环，影响别人对他的印象。

社交恐惧症患者可以在某一方面努力提升自己，为自己贴上一个良好的标签，形成一个好的光环。这样，在不断的自我影响下，你便会有一个好的心态与他人接触，利用光环效应，为社交的顺利进行打下良好基础。

### 4. 飞去来器效应

飞去来器是一种掷出之后还会飞回来的武器，飞去来器效应则用来比喻人们想得到预期的目标却适得其反、引发情绪逆反的一种心理效应。

对社交恐惧症患者来说，因为缺乏表达技巧，在想说服别人的时候，往往会不断强调并且竭力让对方接受自己的观点，这种方式往往会适得其反。患者应尽量避免这种效应对自己产生的不良影响，从而保证社交顺利进行。

### 5. 古烈治效应

古烈治效应来自一个很有趣的故事。

从前有一位国家元首，叫古烈治。有一天，他带夫人参观一个养鸡场。夫人看到公鸡在母鸡身上"努力"，于是问农场主："你能不能告诉我，公鸡每天尽多少次'丈夫'的责任呢？"农场主回答："每天十几次。"夫人说："请你将答案转告元首。"元首听了转述后，问："那么，公鸡每次都在同一个'妻子'身上尽责任吗？"农场主回答："每次都不同。"元首便道："请你将答案转告夫人。"

古烈治效应指的便是男女之间思维和心理的差异。

社交恐惧症患者中，有相当一部分都是与异性交往时有恐惧心理。其实，两性的心理状态、思维方式天生就有很多不同，不必因为难以把握而畏缩不前。事实上，只要明白这种差异的存在，并且增强自信、适当运用，就可以与异性顺利进行社交活动了。

### 6. 关系场效应

我们都听说过"三个臭皮匠,赛过诸葛亮"的谚语,也都听说过"三个和尚没水喝"的故事。那么,同样是三个人在一起,为什么导致了截然不同的结果?这就要说到关系场效应。

关系场效应,指的就是群体活动中角色的分配所产生的凝聚力或摩擦力对活动效率的影响,这种影响可能是增力的,也可能是减力的。

人都生活在群体之中,所以处于是能够带来增力影响还是减力影响的关系场,就变得十分重要。在一个能够让群体效率增加的关系场中,不仅能提高群体效率,也会给个人带来正能量。

对社交恐惧症患者而言,身处增力关系场,则会让自己更快地融入社交场合,并且形成良性循环。因此,社交恐惧症患者要努力寻找到适合自己的增力关系场。

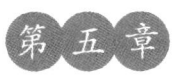

## 第五章

### 给我45°角,我可以让悲伤逆流成河——

# 抑郁症

## 【精神病自测】看看你有没有抑郁症

请你找一处安静的地方，回忆自己最近两周的情形，根据实际回答下面的问题。

1. 你是否对平时感兴趣的活动突然丧失了兴趣或乐趣？
2. 你是否总是感到疲惫或者体力、精力透支？
3. 你是否一直感到悲伤？
4. 你是否感到未来一片灰暗？
5. 你是否认为自己是一个失败者？
6. 你是否认为自己的存在没有任何意义？
7. 你是否感到注意力下降？
8. 你是否总是犹豫不决？
9. 你是否对很多事情都感到自责？
10. 你是否感到行动迟缓，或者思维停滞？
11. 你是否经常难以入睡，或者在早上提前至少两个小时醒来？
12. 你是否食欲下降或者暴饮暴食？
13. 你是否认为自己缺乏魅力、没有能力或者处于弱势地位？
14. 你是否性欲明显下降？
15. 你是否觉得生不如死，并且想过自杀？

以上15个问题中，如果你的回答有3个以上为"是"，那么你可能有轻微的抑郁症倾向；如果你的回答有6个以上为"是"，那么你很可能患有抑郁症，建议到专业机构做一下鉴定。

你印象中的抑郁症是什么样的？是仰望天空泪流满面？唉声叹气如西子捧心？抑郁症可没有那么文艺，也没有那么美丽，相反，只会给人带来沉重的负担，以及深深的绝望。

【问题】

# 4类抑郁症，你了解多少？

就在刚才，离午休还有一个半小时，我隔壁桌的小姐们儿忽然神色哀怨、语气伤感："唉，我现在感到情绪低落，不知道自己的存在还有什么意义，也不知道前方的路要怎样走下去。怎么办？难道传说中的都市情绪杀手——抑郁症已经袭击了我？不！我要坚决抗争下去！"于是，我眼睁睁地看着她拿出两袋薯片、四包辣条、一大块巧克力、一袋干脆面，居然还有只大鸡腿！

这姐们儿把所有的零食一样一样消灭掉之后，满足地摸着肚子，优哉游哉："嗯！我现在心情超好！我已经打败抑郁症了！"

抑郁症似乎已经成了最"出名"的心理问题，也是都市快节奏生活中让人中招最多的心理疾病。很多人在情绪低落的时候都会惊呼："我是不是得抑郁症了？"现在，我们就来真正了解一下抑郁症。

"心情不好"等同于"抑郁症"吗？当然不是。抑郁症患者的情绪低落是显著而长期的，绝非一朝一夕能够改变。同时，患者会悲观消极、痛苦绝望，感受不到生活的乐趣和生命的意义。他们往往对任何事情都缺乏兴趣，时常无精打采。他们还会认为自己很没用，什么都做不好，周围人的不顺和不幸都是自己的错。当他人想要伸出援手时，他们却认为对于这样的自己他人也无法拯救。他们容易失眠厌食，严重时会出现幻觉，甚至会意图自杀。

抑郁症患者的思维也会变得缓慢起来，他们形容自己"脑子像是被堵住了一样"。他们反应迟钝，语言能力下降，对别人缺乏回应，交流也因此会变得困难起来。同时，注意力无法集中，记忆力也会下降，尤其是对于刚发生不久的事情转身就忘。他们在生活中疏懒缓慢，喜欢独处，不愿意接触别人。严重的时候，他们不吃饭、不洗漱、不说话，甚至一动不动。这样的情况，称为"抑郁性木僵"。

抑郁症也分很多种类，最常见的是心因性抑郁。心因性抑郁主要是由于

受到强烈的精神打击或产生过度的内心矛盾而导致的。比如,我的一位朋友曾因为遭到丈夫背叛而患上抑郁症,并且反复发作。为了让情绪得到释放,她进行了"报复行为",开始了婚外情。但是,事实上,这种报复反而增加了她的压力,让抑郁症变得更加严重。

还有一种,叫作"精神病性抑郁"。这种抑郁症往往伴有幻觉和妄想。

某位病人N,坚定地认为美国人想要他去做总统,但他很爱国,不能离开祖国,于是他信心坚定:"美国人你们死心吧!我不会去做你们的总统的!"可是,要是没有他,美国人民又该怎么办呢?于是,他每日处在这"两难"之中,长吁短叹。每次他看到有关奥巴马的新闻时,都会一脸哀伤:"都怪我没办法去做总统,才麻烦你了。重点是你确实能力差了点。"甚至只要在街上看到西方面孔,他都会非常哀伤,缓缓地叹口气:"就算你们派人来接我,我也……"

另外一种,是隐匿性抑郁症。这类病人貌似在生活中看不出情绪上的问题,但事实是,他们的情绪都直接转化到了身体上。他们可能会突然出现头痛、胃痛、呼吸道感染、高血压、内分泌失调等症状。由于其身体上的症状过于明显,以至于常常让人忽略情绪的诱因,只是单纯从身体方面来治疗。由于这种抑郁症"隐藏"在身体症状之中常常会被人忽略,得不到及时的救治,因此不仅身体的疾病无法根除,抑郁症也会更加恶化。

再有一种非常值得我们注意,叫作"非典型抑郁"。一看到"非典"两个字,就得注意了,这种抑郁症和一般的抑郁症表现都不太一样。其他抑郁症患者可能长时间情绪低落——不管发生什么事情我就是低落;但是这类患者,除了情绪低落之外也会有其他的反应,比如在好事来临时也会有正常的喜悦情绪。其他抑郁症患者可能会失眠,好不容易睡着了很快又醒过来;但这类患者却总是睡不够,连续睡15小时都是小意思。其他抑郁症患者可能没什么食欲,什么都吃不进去;但这类患者却食欲旺盛,体重也总是不断增加。他们总是感到四肢沉甸甸的,好像自己没有力气抬起它们似的。

因为非典型抑郁症和一般的抑郁症不太一样,常常会"瞒天过海",让人注意不到,结果使得病情更加严重。

抑郁症在现代生活中逐渐增多，尤其在女性身上更为常见。很多女性都在人生的不同阶段和抑郁症抗争过，比如职场上、生产前后、更年期等。这恐怕是因为女性的情感更加敏感纤细的缘故。因此，女性更应该调整自己的情绪，学会合理释放压力。

## 【案例】抑郁症患者

历史上最有成就的抑郁症患者大概要数林肯了。什么？林肯有抑郁症？那个被评为美国历史上最有成就的总统亚伯拉罕·林肯？

怎么样？大吃一惊了吧？

曾经有这么一头奶牛，误食了一把有毒的草，然后产下了一些有毒的奶。当时呢，还有这么一位少妇，喝了一碗这样的奶，结果就中毒身亡了。你说倒霉不倒霉？这位少妇，就是林肯的母亲，当时林肯才9岁。

9岁丧母已经够可怜了，不过这才是命运的开始。林肯之后经历了一连串的磨难，比如他的四个孩子中有三个夭折了。

而在林肯当选总统的时候，正是美国历史上最动乱的时刻。巨大的压力，恶意的攻击，人生的不如意……抑郁症赢了。最严重的时候，他甚至想自杀。

连林肯都中招，由此可见抑郁症果然威力不小。比如，我们的微微不仅患有严重的抑郁症，甚至最后想到了死。

微微是个美术特长生，在绘画上很有天赋。在高考的时候，她自己想要深造国画，于是准备报考相关专业。在她看来，自己学习喜欢的专业，还能弘扬民族文化，很有意义。

但是父母可不这么想："你这个专业没用又没发展。你听爸爸的话，报考金融。等你毕业了，爸爸可以帮你安排一份好工作。"

微微是个倔强而有主见的少女，她坚决不从。于是母亲祭出了中国父母们的看家本领——"你不听话，我就不吃饭！"微微一看自己老妈这是动真格的了，只好把志愿改了，可是呢，她却每天都把自己关在房间里，一直到上大学了还是这样，甚至一天比一天严重，闹到要休学的地步。

父母又火了："为你好你不知道？怎么总是没完没了地闹！让亲戚朋友们看笑话！"

微微终于万念俱灰，想到了死，准备吞药自尽。

像微微这样，如果放任抑郁症不管，它会逐渐严重起来。前面讲到，严重的抑郁症患者除了会产生自杀倾向之外，还会变成抑郁性木僵。

咱们要说的这个女孩呢，我叫她霉女，因为确实比较倒霉嘛。霉女爱上了一个渣男，结果自然是被玩弄甩掉啦。但是霉女很不甘心，还依旧幻想和渣男复合，直到眼睁睁看着渣男身边换了一个又一个女生。照理说呢，霉女应该醒悟了，可是她却抑郁了。

怎么个抑郁法呢？她开始心不在焉，精神恍惚，答非所问。每天沉浸在自己的世界里，浑身上下都散发着"我很伤心，闲人勿扰"的气场。

她的情绪一天比一天低落，身体虽然没有什么问题，却不吃不喝不动不说话，就躺在床上，翻身都算是大动作了。你以为她面无表情，却发现她面部略微扭曲，显得极其痛苦，眼中含着泪水，口中只是干巴巴地哽咽着三个字："我想死……"

霉女这种情况就是典型的抑郁性木僵了。

## 【现象】春困症、掏空族……都市白领的情绪为何持续低落？

俗话说"春困秋乏",好像一到了春天,人们就特别容易疲倦乏力,总是睡不醒,干什么都难以提起精神来,我们称为"春困"。人们总是情绪不高,容易烦躁,容易受到他人情绪影响,食欲不振,这也就是俗称的"春困症"。

按照中医的理论,春季人体湿重,脾脏功能被削弱,湿气无法排出,导致了人昏昏欲睡,出现春困现象。从冬季到春季,人需要一个适应的过程,在这个过程中,人的大脑、皮肤、肌肉、五脏六腑都处于调整之中,因此人也处于一个比较迷糊的状态。

由于外界气候和人体自身的原因,人的情绪也受到了影响。在春季,人们容易在一个较长的阶段里都感到情绪低落,注意力不集中,口干舌燥,浑身酸痛,容易疲劳等。实际上,这些都是抑郁症的表现。

因此,春困症并不仅仅是身体现象或健康问题,也并不仅仅是"情绪感冒",而是一种季节性抑郁症。

说到季节性抑郁症表现,其实在冬天更为明显,尤其是在我国北方和欧洲等冬季气候特征明显的地方。这些地方冬季十分寒冷,时间长,日照短,会让人缺少活力,行动力下降,变得烦躁、容易退缩,不喜欢参加社交活动,性欲下降等。

在整个冬季,人们可能都会持续这一状态,并且连续几年如此。只要一过了这个季节,人们就会恢复正常,季节性抑郁症的症状就会消失。

对于春困症也是如此,只要过了春季,就会恢复正常水平,所以无须过于紧张。同时,要在季节性抑郁症发作的时候,注意调节自己的情绪,给自己增添乐趣。

季节性抑郁症对于在都市中生活压力巨大的白领来说,恐怕是年年中招。另外,在都市中,掏空族也无处不在。

什么叫"掏空族"?在巨大的工作压力下,人们的体力、精力、心智、情感、创意等都严重透支,身体被掏空,精神也被掏空,情感被掏空,头脑也被掏空。长此以往，人们会感到筋疲力尽，问题层出不穷，深感自己越来越无法跟上工作的进度，无法紧追时代的步伐。这个时候，眼看着新生一代步步追上，其中滋味自不必说。人们往往会身心俱疲，强颜欢笑，缺乏价值感，无法自我认同。

　　掏空族们往往认为自己的工作只是在不断重复"昨天的故事"，难以投入更多激情。同时，他们也缺乏时间和创意去进行创新，对社会新鲜能量的汲取也不及时。前些年积累的体力、精力、知识技能在短短几年内被掏得空空如也，而没有得到及时补充，让人无法延续之前的水平。在这种情况下，掏空族压力越来越大，得抑郁症的越来越多。

　　对掏空族们来说，最重要的就是合理安排生活，将工作、学习、社交的时间分配好，不断充实自己，广交朋友，让自己不断丰富起来。同时，更应该为未来做出规划，避免在未来遇到"掏空"的情况。只有这样，掏空族们才能减轻自己的精神压力，保持情绪平稳，不给抑郁症可乘之机。

## 对付抑郁症的秘密武器：日常事项与森田疗法

【解答】

轻度抑郁症患者是可以进行自我调节的。下面介绍几种日常生活中可以运用的自我调节方式。

首先，注重身体锻炼。散步、慢跑、骑行、瑜伽、太极、散打等，都是很好的锻炼方式。由于抑郁症患者不仅精神消极，而且时常感到身体沉重、行动迟缓，长时间下去便会让身体机能受到损害。一旦身体机能受到损害，精神就会迅速萎靡。而且，身体机能下降会加重患者的无价值感，使其心态变得更加消极。适当的锻炼不仅可以刺激身体机能，更能够使患者心理放松、增加自信。尤其是清晨，做一些锻炼，让身体舒展，为一天开一个好头，能有效地减少抑郁情绪。

另外一点，也是最重要的一点，就是保持正常的工作和学习生活。抑郁症患者一般身体沉重，思维黏着，精神上也不断否定自己。"我什么都做不好，所以我什么都不能做。"这种心态很容易造成恶性循环。

实际上，患者当然是有能力的，只是不断被自己否定。坚持上班、工作、学习、做家务等平时你可以做到的事情，对于消除抑郁情绪意义重大。不管结果如何，只要坚持去做，你就会知道自己还有很多能够做到的事情，从而增加自信和愉悦感。同时，你也可以给自己制订一些简单的计划和目标，然后去实现它们，这同样会让你充满成就感，增加自我评价。

在做到以上两点之后，你就可以进行下一步了。这个时候，你有一件重要的事情要去做，那就是学会整理自己的思绪，并且记录下来。

你很容易陷在消极、低落中无法自拔，这对抑郁症患者来说最平常不过了。这时，不妨整理一下思绪，把你的想法一一记录下来，看看每天困扰你的都是什么样的思绪。不要害怕面对它们，它们只是你诸多想法的一部分。写下之后，你无须着急去寻找来龙去脉，也不用惊讶于自己竟然会这样想。你只要接受它们的存在，接受它们就在你的脑子里。等到你的情绪稳定下来后，再去看看记录下的文字，可能就会发现有哪里不对劲。你一定会发现有一些想法是不合理的，你不应该那样想。这时候再去面对它们，一定会有全新的体会。你可以从另外的角度去分析这些想法，重新去审视自己和所经历的事。

另外，还要注意的一点是，不要总是跟别人谈论你的那些消极的想法。你大概听过这么一个故事。有一只小猴子受伤了，它便不停地向别人展示自己的伤口，"你看我受伤了，好疼！"它每遇到一个人，就会扒开自己的伤口给别人看，一遍一遍讲述自己受伤的故事，说"我好疼！"。最后，小猴子就这样死了。

抑郁症患者也是这样，如果只是不停地对别人讲述自己的消极想法，而不想办法去解决，那么只会让抑郁情绪不断强化，让抑郁症愈发严重，最后不得不承受惨痛的结局。所以，对抑郁症患者而言，最好的办法不是倾诉，而是向上面说的那样去转换思维。

接下来，你可以多去和朋友们聚会、旅行、看演唱会，总之，尽量让自己融入到一个热烈的气氛中去。在周围气氛的带动下，你会觉得身体里充满了热情，涌动着向上的力量。

当然，多帮助他人也是非常必要的。不仅是帮助你身边的人，你还可以做一些公益事业，去做志愿者、向山区捐款捐物、支持贫困儿童、美化城市环境、维护妇女权益，什么都可以。做这些时，你会帮助别人、影响别人，你的所作所为将对一些人充满特殊的意义，同时，你会重新判断自己的价值，不会再认为自己是个"无用"之人。

除了这些日常生活中能够做到的事情，我们还可以尝试采用森田疗法。

森田疗法的核心理论就是"顺其自然，为所当为"。什么叫作"顺其自然"呢？并不是说让你放任抑郁症不管而任其发展，而是让你不要产生对抗的情绪，你要学会接受。接受什么呢？接受你的伤心，接受你的难过，接受你的委屈，接受你的郁闷，接受你的一切负面的情绪。你要知道，它们都是正常的情绪反应，是大家都会有的情绪体验。它们会顺其自然地来，也会顺其自然地走。所以，你不要一味地沉溺其中，而是要去接受它们、感受它们，不去和这些负面情绪对抗。好也罢坏也罢，让情绪在你的身体里自然地流动。

什么叫作"为所当为"呢？就是你该干什么干什么去。你的注意力不要集中在你的情绪上面，你跟着你的伤心难过郁闷无助走，就会被它们所控制。你要将注意力转移，工作也好学习也好玩乐也好，找到一个目标，然

后就去拼命地完成这个目标。当你集中精力去完成一件事情，一段时间之后，你会发现，哎，我好像没有那么伤心难过郁闷无助了！这是因为，情绪已经自然地流走了一部分。

森田疗法的奥义就在于，将情绪与注意力分开。情绪其实是来得快去得也快的，为什么会发展到很严重呢？因为你的注意力一直在情绪上面，你不断地将其深化、扩散，以至于成为了自己无力挣脱的陷阱。使用森田疗法，就是要让情绪顺其自然，而你的注意力为所当为，两者分开，让情绪自然消解。

除此之外，你还可以尝试一些物理上减轻抑郁情绪的方式，比如用温热的水泡澡、听一些舒缓宁静的音乐、做些按摩等。

在饮食上，你应该注意，有一些东西会加深你的抑郁情绪。比如，烟酒、浓茶、咖啡、碳酸饮料、甜食、熏制食品等，它们不同程度地含有一些加重抑郁的物质。

# 【生存法则】这些心理效应让你远离抑郁症!

### 1. 半途效应

有个成语叫"半途而废",指的就是半途效应。在达到目标的过程中,人的心理压力会逐渐增加,同时外在环境也不断带来负面影响,在中间位置时人所承受的压力达到顶峰。这时,人往往会脆弱敏感,极容易就此放弃。如果能坚持下来,那么在后半段中人所受到的负面影响就会减少,心理承受能力也会增强,更容易达到目标。

对抑郁症患者而言,因为时常感到情绪低落,会产生低价值感和低自尊感,做事情更容易在半途放弃,进而形成恶性循环。

抑郁症患者可以给自己规划一些较小的目标,让自己经过一定努力就可以快速达到目标,积累成就感,以此增加自信心和价值感,减少抑郁情绪。

### 2. 贝勃效应

贝勃效应指的是,当人经历了较大的刺激之后,在他再次受到一些相对较小的刺激时,承受能力就会增强。可以说,第一次受到的较大刺激对人的心理已经造成了一定冲击,在经历第二次较小的刺激时,相比而言,人们反而会觉得"没什么"。

这种心理效应在生活中也有很多的应用。比如,一个孩子有3门功课不及格,他回家之后便说:"妈妈,我有5门功课没及格。"妈妈此时非常生气。这时孩子说:"我记错了,是3门没及格。"妈妈便会说:"3门不及格也不行啊!"可是明显已经没有刚才那么生气,甚至心理上还会产生安慰感。

女人也是应用这一心理效应的高手。比如,老婆对老公说:"这次休假我们出国旅游吧!"老公一惊:"那得好几万块啊!"老婆于是便"委屈"地说:"那好吧,你给我买这套化妆品吧。"老公一看,才几千块,便爽快地掏钱,恐怕还要暗自庆幸。

对于抑郁症患者来说,贝勃效应也时常发挥作用。比如,一个患有抑

郁症的运动员，他第一次拿到了冠军，感到了喜悦。当他第二次或者更多次拿到冠军的时候，这种喜悦感就被冲淡了，反而会在意自己出现了哪些失误，有哪些没发挥好，甚至完全感受不到冠军的意义，从而持续消沉低落，陷入低价值感中。

抑郁症患者在每次取得成功和进步的时候，一定要全身心地投入其中，认真感受，并且肯定自己的成绩，感受自己行为的意义，不让消极情绪有可乘之机。

### 3. 比马龙效应

比马龙效应也叫作"皮格马利翁效应"，它来源于一则希腊神话。

古时候有个国王，叫皮格马利翁，他十分擅长雕塑。有一次，他雕塑了一个完美的少女像。少女像栩栩如生，姿态迷人，长发好像能够飘动，眉眼中仿佛带着笑意，每根手指都像是有生命似的。皮格马利翁不自觉地爱上了这个"少女"，他给她穿上最华丽的衣服，赞美她的美丽，倾诉自己的爱意，不断拥抱和亲吻着她。可是，雕塑却依旧没有反应。于是，皮格马利翁向爱与美的女神阿佛洛狄忒求助。阿佛洛狄忒被感动，决定赐予雕塑生命。"少女"的肌肤变得雪白柔软，眼睛深情地望着皮格马利翁，手指抚摸着他的面庞。皮格马利翁梦想成真，并和这个"少女"结为夫妻。

因此，皮格马利翁效应也叫"期待效应"，即不断的期望和赞美能够对人形成正面的积极影响，日积月累便能达到质的飞跃。

抑郁症患者应该经常给自己一些积极的暗示，对自己有所期待，并且进行自我赞美和肯定，通过正面暗示重塑信心并建立价值感。当然，患者也应当多从周围的人身上汲取赞美。

### 4. 超限效应

超限效应是指刺激过多、过强或作用时间过久，从而引起心理极不耐烦或逆反的心理现象。

美国著名作家马克·吐温曾有一件趣事。有一次，他去听牧师演讲。牧师口若悬河、滔滔不绝，其演讲真挚诚恳、感人肺腑。于是，马克·吐温想要捐些钱。过了10分钟，牧师还在讲，他不耐烦了，于是决定只捐点零钱就算了。又过了10分钟，牧师仍在讲。他已经坐不住了，决定干脆不捐了。在牧师终于结束了长长的演讲、开始募捐的时候，马克·吐温已经被这演讲折磨得十分气愤，他报复性地从捐款中偷走2块钱，算是出气。

这个故事所讲的就是典型的超限效应，由于刺激过多或过久而引起了逆反心理，达到的效果也和预期目标背道而驰。

对于抑郁症患者而言，由于长期处在低价值感的状态中，在超限效应下也会产生一定的自我逆反，并且伴随一定的强迫症状出现。在这种情况下，患者一定要尽量放松，并且适当转移注意力。

### 5. 淬火效应

淬火原本是冶金的术语，意思是说，当金属被高温加热到一定程度的时候，用水或油等进行冷却处理，会让其变得更加坚韧耐用。在我们的生活中也有很多这样的情形。

有些老师看到学生成绩非常好，为了避免学生得意自满，就会用一些难度较高的试题来测试他们，以此让他们冷静下来，自我巩固，从而获得更好的成绩。或者当我们在情绪激动的时候，往往也会采用冷处理的方式，让自己暂时冷静下来，之后则会达成更理想的结果。

对抑郁症患者而言，不必害怕抑郁症对生活带来的负面影响，患者可以暂时将其当成生命中所遇到的"淬火"，并且要坚信，在"淬火"过后，你将成为一个更加成熟的人。

## 第六章

我狂躁吗?我只是淡定得不明显! ——

# 躁狂症

## 【精神病自测】你的躁狂"修炼"到了什么程度?

请你找一处安静的地方,回忆自己最近一周的情形,根据实际回答下面的问题。

1. 你的言语是否比平时显著增多?
2. 你是否感觉自己的思维十分灵活,语言跟不上思维的速度?
3. 你是否觉得自己的思维飘忽不定,联想迅速?
4. 你是否感觉注意力不集中,时刻转移?
5. 你是否自我感觉良好?
6. 你是否自我评价严重超出别人对你的评价?
7. 你是否总是精力旺盛,睡眠减少,从不疲劳?
8. 你是否总是十分亢奋,活动增加?
9. 你是否很容易被激怒?
10. 你是否做事不顾后果?
11. 你是否性欲亢进?
12. 你是否在工作或者学习方面感到了退化?
13. 你是否在社交上出现了一定障碍?
14. 你是否被认为攻击性强,容易对人造成危害?

以上14个问题中,如果你的回答有3个以上为"是",那么你可能有轻微的躁狂症倾向;如果你的回答有5个以上为"是",那么你很有可能患有躁狂症,建议到专业机构做一下鉴定。

躁狂症的症状和抑郁症截然相反,乍一看就像是一个人意外地通了任督二脉,精力旺盛、才情涌现。但是,认真观察,你就会发现这其中的病态所在。

**【问题】**

# 情绪高涨？暴躁易怒？

可能是现代人的通病，我和邻居交往不深，平时也就是点头之交。有一天，出门时碰到了隔壁的少年，他突然热情地跟我打招呼："姐！好几天没看到你了！你今天真漂亮！这是要去干什么？"

本来这是平常的对话。可是，我和他之间几乎完全陌生，平时最多微笑了事，所以这对话就显得很突兀。我当时想，要是很久不联系的朋友突然联系你了，无外乎这么几种情况：结婚、借钱、推销安利。难道现在邻居也流行这种手段了？于是我打了个招呼就准备逃跑："你也很帅！回头聊！"

但是，这位少年明显不在意我的反应，他跟上我的脚步，愉悦迫切地继续说："……我知道我很帅。而且，我是我们学校百年一遇的化学天才，这一点连我们化学老师都不得不承认，虽然他没有明说，但我看得出来……我能用化学赚大钱。我还可以改变世界！说到世界，我觉得世界上最好吃的东西就是冰激凌。姐姐你喜欢吃冰激凌吗？甜甜的。不过我觉得最甜的还是陆薇，她是三班的，我是五班的，我们不是一个班……"此处省略N个字。

到了电梯旁，我说："我要下楼了，咱们以后聊。"他突然生气起来，怒气冲冲地挥舞着拳头，跟我一起进入电梯里，在里面大跳大闹。我赶紧按停电梯把他拉出去，安抚他，然后发现，这孩子应该是有轻微躁狂症。

躁狂症似乎没有抑郁症那么"著名"，但是事实上它们在一起合称"躁郁症"。两者交替发作即为双相情感障碍。那么，现在就来介绍一下躁狂症。

躁狂症发病通常都十分突然，只需短短几天。患者的第一个特征就是情绪高涨。他们的思维如野马般奔腾不止，变得很爱说话，语速很快，但是注意力不集中，很容易看到什么就马上转移话题。他们自我评价过高，喜欢夸大自己的能力和地位；喜欢跟人交往，什么人都想搭讪，什么事都想

掺和；精力充沛，睡眠需要减少，时时处于亢奋中。

躁狂症看起来似乎没那么严重，更像是一个心情好到过度兴奋的人，思维活跃、头脑聪敏、态度积极、活泼健谈，甚至时不时妙语连珠，以至于有人说：这哪是精神疾病啊，简直就是福利！

要是你这么以为，那就大错特错了。首先，上面说的只是躁狂症的现象。就如前文说到的邻家少年，明显可以看出来他思维散乱、毫无逻辑。事实上，躁狂症的人看起来比平时更加聪明，讲话头头是道，但是往往态度偏激，逻辑混乱，细想之下会发现其实不知所云。而且，躁狂症很容易间歇性反复发作，在这个过程中逐渐严重。患者的思维会逐渐混乱，情绪无法自控，甚至机能受损。

躁狂症的第二个特征就是暴躁易怒。躁狂症发展到一定程度后，便如这个病的名字一样，"暴躁""发狂"，做事冲动，容易使用暴力。严重的躁狂症会让患者做事不计后果，失去理智，如肆意挥霍、沾染毒品、酗酒、乱性、攻击他人、破坏公物等。

长此以往，他们的人格甚至会因为躁狂症而发生改变，社会功能也会受到严重影响。

躁狂症形成的原因有很多种。一般认为，躁狂症受家族遗传的影响非常大。但这并不是绝对的。外在刺激也可能会导致躁狂症，如失业、失恋、夫妻感情破裂等。

后来经过了解，那位邻家少年正是由于受到了外在刺激而成了轻微躁狂症患者。他的好友数次自杀未遂，最后转学失去音信，这成了这个本就内向的少年情绪失控的导火索，令他成了一个轻微躁狂症患者。

## 迷失的订单

历史上的躁狂症患者可不少,比如著名的大画家凡·高,他的画总是明亮又哀伤,痛苦又真实,色彩和感受的紧密结合成就了一代大师。凡·高也有躁狂症。在与高更的关系破裂之后,他就患上了躁狂症。某一天,他躁狂发作,疯狂地割下了自己的耳朵,血淋淋地装到了信封里,作为礼物送给了妓女拉谢尔。

估计拉谢尔收到礼物觉得应该是爱情片,结果一打开才发现是恐怖片……画风转变得太快。

这让我想起哲哥掐着客户脖子大骂的那一幕,当时冲上去了4个保安才把他拉下来,简直就是天生神力啊。那个客户脸都憋成猪肝色了,缓了好半天才拿出钙片来吃了两片当是压惊。

哲哥原本是个安静的美男子,彬彬有礼,略带呆萌。他是名牌大学的高才生,头脑灵活,颇有才华,只是性格较为内向。

女同事们常常喜欢"调戏"他:"哲哥,我还没有男朋友!你呢?"哲哥一脸迷茫:"我也没有啊!我只有个女朋友!"

哲哥平时以"忍让宽和"为座右铭,很少与人发生冲突。只有到了提案的时候,他才以"争"为要诀,斗志昂扬、侃侃而谈,带着一种"我最专业"的霸气,击杀对手于无形。

哲哥是公司的镇宅宝,人人都爱他。

直到某一天,事情开始不对了。

平日里一向内向呆萌的哲哥突然话多了起来。他能在2分钟之内,从早餐奶谈到希腊神话,从电水壶扯到母猪的产后护理。要知道对于听众而言,2分钟之内要接受的信息如此庞杂,完全跟不上他的思路。这时候绝对不能提出质疑,否则他就会翻个白眼,一副"愚蠢的人类,这都不懂"的表情,鄙视你之后继续自说自话。

哲哥开始热爱辩论,并且一定要赢。通常论题不管是什么,到最后都会变成:"我说的绝对没有错!而你们都是傻×!"所以后来大家都很害怕

开会,因为开会不管说什么都会变成哲哥和老板的辩论会。哲哥的主题:"我说的都没错!而你是个什么都不懂的傻×!"老板的主题:"咱们好好说……好好说……我才是老板,你给我闭嘴,浑蛋!"

你要是觉得哲哥只在公司这样,那你就大错特错了!哲哥去商场里买东西,突然直奔人家的经理办公室,拿出小本本,逐一罗列出人家管理上的问题,大声宣读,以领导视察工作的态势,滔滔不绝说了两个小时,而且还不让别人打断。当时商场的经理就蒙了,好不容易瞅个空想插句嘴,结果被哲哥一个眼神瞪回去了。当哲哥终于说完了,心满意足地准备离开时,商场经理小心翼翼地问:"先生有什么需要我帮你解决的吗?"哲哥回头又教育了人家半个小时。商场经理再也不敢和他说话,到最后也没弄明白他到底是去干什么的……

不过真正让哲哥一战成名的,还是那次对于客户的袭击。当时,他去和一个客户谈事情,结果又变成了他给客户讲课。客户完全没有理会这一套,坚决地否定了他的全盘思路。哲哥顿时就怒了,身手矫健地扑过去,精准地扼住对方的脖子大骂不止,冲过来4个保安才勉强把他拉下来。客户的脸都已经憋成了猪肝色,而哲哥则开始对着几个保安发脾气。

哲哥惊人的变化终于引起了所有人的广泛关注,他被诊断为轻微躁狂症,开始接受治疗,大家这才放下心来。

在协助哲哥治疗的过程中,我认识了小东。小东才初中三年级,却已经是个名副其实的小帅哥。但是,这位小帅哥却深陷躁狂症中。什么原因呢?

首先,不久前小东的父母离异了。这对他的打击非常大。他开始变得暴躁易怒起来,每天都大发雷霆。再加上已经初三,还有几个月就要参加中考,因此学习压力增大,这也让他有些不适应。有时候他住在爸爸家里,有时候他住在妈妈家里,不论在哪里,他都非常挑剔、不耐烦。

他在学校里时常高谈阔论,甚至给老师"上课"。对于被批评这件事情,他很不屑一顾:"天才都是不被理解的。"经常和同学一语不合就打起来,俨然"小霸王"的姿态。可是,只要是到了考试的时候,他就会高烧不止,无论如何都退不下来。

## 【现象】 毕业躁狂症&离婚躁狂症

毕业躁狂症，指一些人在毕业后焦躁迷茫却信奉享乐主义，追求个性、不合群、没有定性、不够积极。重要的是，他们的抗挫折能力极差，一丁点困难就可能将他们打倒。

比如，我要说的这个小Q就是典型的毕业躁狂症患者。他毕业两年，工作换了五六个。每到一处，就觉得自己可以大施拳脚，实际上却表现平平。他每天脸上都明晃晃地写着"爷很烦，离我远点儿"，因此并不能很好地融入同事们的圈子，这让他觉得自己很受排挤。领导找他聊两次，他马上就觉得领导看不上自己。同时，他也不肯放下"身段"向他人请教，或者主动跟别人学习，对别人的意见也听不进去，只是惶惶然地让压力与日俱增，一段时间后仍然没有半点起色。他害怕自己被人嘲笑，更害怕被炒鱿鱼，于是干脆自己先辞职。

刚刚离开校园的学生们，一方面踌躇满志，一方面因为要从学校向社会过渡而非常不安。于是，一些适应能力较差的学生毕业之后心浮气躁，对自己期望甚高，然而，如何工作、如何与同事沟通、如何融入团队、如何处理矛盾……这一系列问题摆在眼前，一下子就傻眼了。因此，他们变得胆小、烦闷、愤怒、逃避，最终成了毕业躁狂症一族。

与毕业躁狂症类似的，还有离婚躁狂症。离婚在现代社会中已经是很普遍的问题了，而离婚后的人，很容易在一段时间内陷入离婚躁狂症。

我的朋友E就是这么一个典型。E和老公相爱3年，结婚5年，忽有一天，因为老公出轨而决定离婚。虽然老公苦苦哀求，但是E并没有原谅他。她说："我以后绝对没办法和他继续生活在同一屋檐下，只要想到他，我就觉得恶心。倒不如放了彼此，各自生活。"就这样，E的老公变成了前夫。

那一句"倒不如放了彼此,各自生活"显得E智慧洒脱,但在一切看似风平浪静之下,离婚躁狂症却悄然来袭。

E回到一个人的家中,大哭了一场,这"一场"持续了很长时间——只要想起来这段婚姻,眼泪就止不住。总之,这次大哭在若干次中场休息后,持续了一个月。

之后,E变得暴躁多疑。她对任何事都变得敏感起来,甚至对妹妹的恋情坚定地持反对意见。她开始质疑周围的一切,再也不相信世上有真爱。

## 【解答】躁狂症的生存需要：情绪控制

躁狂症患者往往容易情绪高涨，有时是与情景不匹配的高兴，有时是一点小事引起的愤怒，还有时是过于亢奋的性欲……总之都是无处发泄的旺盛精力。

患者会发现，自己总是无法控制情绪，一旦情绪涌动上来，就会瞬间变成它的奴隶；自己还总是激动地夸夸其谈，思路从一件事情瞬间就转到另一件事情上。

没错！对躁狂症患者而言，最重要的就是学会控制情绪！

首先，患者应分析一下自己的性格。问问自己：我是不是一个容易冲动的人？我是不是一个内心爱计较的人？我是不是一个过于争强好胜的人？我是不是一个容易被感情控制的人？如果答案是"是"，那么应该从源头上进行根治。努力用阳光积极的态度生活，遇事不要头脑发热、冲动行事，给自己思考的时间。

患者还应该学会三思而后行。既然是容易冲动的人，那么在遇到任何事情的时候，都应该先冷静下来再做决定。如果时间允许，甚至可以给自己列一个计划表，严格按照步骤执行，以此保证不会因一时冲动而搞砸整件事。

另外，患者还得学会集中注意力。他们的思维总是在滑翔，从一个点飞快地跳到另一个毫无关系的点上。看似思维跳跃，实际上是难以集中注意力，因而说话做事也缺乏逻辑。

在躁狂症发作、情绪过度高涨的时候，可以让自己置身于一个安静的环境之中。如果不能控制自己，也可以请家人或者朋友协助。

安静的环境可以避免外界刺激的侵扰，让情绪不会被进一步激发。此时，尽量不要与人有过多交谈，也不要看电视剧、电影、漫画、新闻等，以免情绪被进一步激发。

当你稍微平静下来，可以运用另一个方法——冥想，来加深自我认识，获得深层次的宁静。冥想时，找一个让自己舒服的姿势，使身体放松下

来，不必特意专注于某件事情，但是需要能够感受到自我的存在和内心的平和。在经过一段时间的冥想练习后，患者的心智和情绪都会感受到平静的愉悦。

最后，还应该学会合理地发泄压力。在压力增加的时候，不要习惯性地屈服于情绪之下，应找到合理的途径发泄。例如，跑步、篮球、网球、游泳、登山、拳击……这些都是很好的发泄方式。

【生存法则】

# 4种心理效应，打倒躁狂症！

### 1. 多米诺骨牌效应

多米诺骨牌，即一块块摆成长长一串的骨牌，把第一块推倒，之后就会一个接一个全部倒下，场面相当壮观。

多米诺骨牌效应指的是，一个很小的力量可能会引发一系列的连锁反应。

对于躁狂症患者来说，任何一个小小的改变都可能会产生一系列的连锁反应，这些反应有可能是内在的，也有可能是外在的，可能是正面的，也可能是负面的。躁狂症患者在紧张或发怒的时候，就是骨牌的开始，会引起内部一系列负面的情绪，同时对周围环境和社交都带来负面效应。若能尽量让自己平复心情，减少亢奋活动，控制情绪，不发怒，同样会给内在带来积极的连锁效应，产生一系列的正面影响，对提升社交也有很大帮助。

### 2. 海格力斯效应

古希腊有个大英雄，叫海格力斯，他力大无穷。有一天，他走在一条巷子中，看到地上有一个苹果大小的袋子，鼓鼓囊囊的很难看。于是，他就踩了那个袋子一脚，想把它踩瘪。可是，没想到，这个袋子的大小居然增加一倍。海格力斯既惊奇又生气，于是不停地用力踢踩这个袋子，可他越是用力，袋子就膨胀得越厉害。到最后，他气愤地拿起一根木棒来敲打袋子，可它却膨胀到把巷子的去路都堵死了。

海格力斯终于感到无可奈何，这时，有一位智者告诉他："这是个仇恨袋，你不理会它，它就只有最初的苹果那般大小。你若是招惹它，它便会一直与你为敌。"

所以，海格力斯效应指的就是，当你对他人有敌意并且进行攻击的时候，对方也会憎恨你并且想办法报复。双方互不相让，于是仇恨越来越

深,报复的手段越来越强烈,最后双方都会付出惨重代价。

对于躁狂症患者来说,尤其应该注意这一点。躁狂症患者极其容易激动、被激怒,同时精力旺盛、过度亢奋,因为一点小事就会暴跳如雷、大发雷霆。而对方则因为情况发生得莫名其妙,而同样愤怒。一来二去,这种愤怒和仇恨感在彼此之间滚雪球般越来越大,矛盾无休无止。

躁狂症患者往往精力旺盛,所以可以进行一些运动来消耗。在遇到事情的时候,也要尽量豁达开朗,避免敏感多疑,要深思熟虑,尽量减少与人的摩擦。

### 3. 情绪效应

情绪效应,指一个人的情绪状态会影响他人对其的评价。比如,当时你很低落,不愿意和人过多交流,那么,事后对方对你的印象很可能就是"冷漠""内向""社交能力较差"等。如果你处于很亢奋的状态,则可能给对方留下"话痨""过度热情""不顾及他人感受"的印象。同样的人,因为当时的情绪状态不同,会导致给别人留下的印象截然不同。

同时,情绪是可以相互感染的。当一个人情绪不良的时候,也会让对方的情绪受到影响,进而影响双方之间的交流和彼此之间的印象。

对躁狂症患者而言,亢奋、激动、兴奋、易怒等情绪状态都会影响对方,在彼此之间形成不良的情绪磁场。因此,患者应该尽量避免这种情绪效应的负面影响。

### 4. 态度效应

有这么一个关于大猩猩的有趣的实验。科学家在一个房间里放上很多镜子,然后让猩猩走进去。第一只猩猩性格温顺,它进入房间后,看到了很多"伙伴",不禁高兴地和它们打招呼。自然,镜子中的"伙伴"也同样友善。它愉快地在房间里玩儿了三天,离开的时候还恋恋不舍,想和"伙伴"们继续相处。而第二只猩猩凶残暴戾,它一进房间,就看到很多同样凶暴的"敌人"。它马上做出战斗姿势,和这些"敌人"厮杀起来,十分惨烈。战斗了三天后,它竟死在了这个房间中。

同样,对人而言,我们周围的人就是我们的镜子。我们微笑,他们也微笑；我们奸诈，他们也奸诈；我们暴躁，他们也暴躁。这就是态度效应。

躁狂症患者在对待他人时往往易怒，那么对方很可能也用同样的态度来回敬你。结果，在这种情况下，你可能会更加紧张不安，进而使症状加深。

态度效应表明，躁狂症患者需要保持乐观积极的心态，让自己的心境尽量平和，生活中要多微笑，友好地对待他人。为自己营造一个友好的生活氛围，克服躁狂症将不再是难事。

# 第七章

## "性趣"背后有隐情！——
## 性偏好障碍（上）

【精神病自测】

## 你有恋物癖吗?

请你找一处安静的地方,回忆自己最近六个月的情形,根据实际回答下面的问题。

1.你是否反复收集异性使用过的物品?
2.你是否对一些非生命物体感到更加兴奋?
3.是否某物体是刺激你性兴奋和促使你高潮所必需的?
4.你是否经常靠物体和手淫达到高潮?
5.你是否偷盗过异性贴身物品?

以上5个问题中,如果你的回答有1个以上为"是",那么你可能有轻微恋物癖倾向;如果你的回答有3个以上为"是",那么你很有可能患有恋物癖,建议到专业机构做一下鉴定。

恋物癖是一种典型的性偏好障碍,当然,还有很多其他的性偏好障碍。本章主要为大家介绍恋物癖。

【问题】

# 露阴癖、窥阴癖、摩擦癖、恋物癖

一天早上，一个与我关系特别好的女同事C怒气冲冲地对我说："你知道吗？我碰到了一个变态！就在咱们单位旁边，过地下通道的时候，一个猥琐老男人看着我走过去，突然就冲过来把裤子脱了！吓得我转身就跑！"

C自顾自地骂了两个小时，没一句重样的。可能老男人对C很"中意"啊，没过两天，又堵着C对她展露自己的下体，准备再次看女孩惊慌失措的样子。

由于已经是第二次遭遇，C已然淡定了许多，冷笑一声，继续前进了。而暴露下体的男人突然就站在那儿，一动也没动。

什么人会在大庭广众之下暴露自己的下体？答案就是：性偏好障碍患者。性偏好障碍，顾名思义，就是在对"性"方面的爱好上出现了心理障碍，"性趣"上和常人不同，心理上自我痛苦，并且可能对他人造成伤害。下面我们就来介绍几种性偏好障碍：露阴癖、窥阴癖、摩擦癖、恋物癖。

上面说到的这位老兄就是典型的露阴癖患者。露阴癖也称"阴部暴露症"，如字面所言，就是喜欢暴露自己的生殖器。不过，这些人可不是自己欣赏，他们喜欢到一些公开场合中对陌生的异性暴露，在看到对方的反感、厌恶、叫喊、躲避等反应后，这些人就会得到异样的满足甚至是快感。他们有时也会一边"欣赏"对方的反应一边自慰。但是，他们不会对自己暴露的对象进行进一步的性行为。

露阴癖往往发生在男性身上，他们喜欢向年轻的陌生女性直接展示自己的"小兄弟"。也有少数女性喜欢裸露乳房或者裸露全身。

还有一种和露阴癖对应的性偏好障碍，叫"窥阴癖"。这类人总是喜欢偷窥他人的性活动，或者有关性的隐私行为，从而达到性兴奋，一般会当场自慰，也有人会把场景刻在大脑里，时时回忆并进行自慰。但是同样的，他们不会强加进一步的性行为到所窥对象的身上。

窥阴癖患者一般以男性居多。他们都喜欢干什么呢？比如，潜入女更衣室，在女厕所或女浴室安装针孔摄像头，在他人亲热的时候偷偷观察……

这种性偏好障碍患者不仅严重影响了自己的精神状态、日常生活，还严重伤害了被窥视者的隐私，已经构成了犯罪行为。

说完露阴癖和窥阴癖，再来说说摩擦癖。比如，在高峰期的地铁及公交上、黄金周的景点内、打折促销的商场里等，当你因拥挤而心烦意乱的时候，却有一类人正混迹其中暗自享受。他们就是摩擦癖患者。

摩擦癖患者多为男性。他们喜欢拥挤的地方，尤其喜欢这种人潮之中衣服和衣服、肉与肉之间的摩擦。他们会以拥挤为掩饰，故意去碰触异性的身体，甚至用自己的性器官去触摸。患者在摩擦过程中达到性兴奋，往往还会伴有手淫甚至是射精。

再说一种较为常见的，就是恋物癖。同样，恋物癖患者多为男性，而恋物的关键就在于恋的是"物"，是没有生命的东西。但就是这些并没有生命的东西，却让这些人感到"性"奋、刺激，甚至能够达到性满足。有时候，这些"物"甚至是让其产生性冲动的必要条件。比如，有这么一个人，他只恋丝袜，没穿丝袜的女人他视若无睹，而同一个女人穿上丝袜后却能让他激动不已。

恋物癖中的"物"很多是女性用过的、接触过女性身体的，比如鞋子、丝袜、内衣裤等。也有的是女性身体的一部分，比如头发、手、腿、足等。当然还有一些五花八门的东西，比如眼镜、布偶、保鲜膜、纸杯等。

## 【案例】他们也有性偏好障碍：莫扎特&卢梭

其实，性偏好障碍并没有我们想象的那么罕见，甚至一些历史上有名的人物都有相关方面的问题，比如莫扎特和卢梭。

莫扎特是一个名副其实的音乐天才，3岁就能将听过的曲子片段准确地用钢琴"复述"出来，4岁可以作曲，5岁已经能够辨明所有乐器的所有音名，6岁跟随父亲在欧洲开始了长达十年的巡演。他年仅35岁便去世了，一生共创作了754部作品，622部已完成，132部未完成，其中包括22部歌剧、41部交响乐、42部协奏曲、1部安魂曲，以及奏鸣曲、室内乐、宗教音乐和歌曲等。莫扎特的作品优雅细腻、轻巧流畅，充满了灵性。

说出来也许你会大吃一惊。这样一个写出了无数优雅作品、身上充满了光环的天才，竟然有恋秽癖！秽，就是秽物，就是那些脏的、恶心的、令人作呕的东西！这些东西会让莫扎特变得非常兴奋。

同样，卢梭也是个在历史课本上出现过的名字，很多人还都背过他的思想核心"天赋人权说"，他还主张教育改革，不主张废除私有制等。

和天才的莫扎特不同，卢梭属于大器晚成的类型。他在40岁的时候因为《论科学与艺术的复兴是否有助于使风俗日趋纯朴》这篇论文一举成名。他的《爱弥儿》《社会契约论》《忏悔录》等均影响深远，受到后人的推崇。

在启蒙运动和法国大革命中都有他活跃的身影，他对于当时的思潮影响巨大。同时，他还在音乐上颇有建树。

卢梭这样的思想巨匠，儿时却充满苦难。他出生后10天母亲就死了，10岁的时候父亲为了捍卫正义不得不离开家乡，幼年时候还被教师鞭打，之后的生活便颠沛流离。这样复杂的身世造成了卢梭的性偏好障碍。他是个露阴癖患者！

卢梭喜欢躲在黑暗的街巷中，等待陌生的年轻女子路过，然后突然向她

们展示自己的臀部!每次这样做,他都会异常"性"奋。即使他知道自己这样做很愚蠢,但是抵抗不住那种"性奋"的诱惑。并且,他总是盼望着这些女子中有谁不怕他,会过来鞭打他,所以还是个性被虐待症患者。

当然,现实中,这类的例子也不少。

有这么一个男孩,他非常喜欢年长帅哥的臭袜子!袜子必须是白色的,人越帅越好,袜子越臭越好。这就是典型的同性恋倾向的恋物癖患者。

说到恋物癖,我们还得来说说小Q。小Q蜷在角落里,垂头丧气,鼻青脸肿——那是被打的。

据说小Q当时正怀着激动的心情带着"战利品"准备悄然离开,不料却被四下里出现的女生围攻。他一度逃跑,却被女生的男朋友们追上,然后被揍得更狠——场面相当惨烈。

我明白了他为什么会挨打,因为我看到了他那些被没收的"战利品"——各种女式内衣裤。

原来,这是个有恋物癖的少年。

"第一次对女生的内衣裤有想法是什么时候呢?大概是初一的时候吧。"他不再揉额头,头低得更深了一些,双手交叉着不自觉地揉搓着。他停了一会儿,闭上眼睛,看起来是想要平静一下,然后又继续说起来,语速稍稍快了些:"对,初一的时候。有一次我补习回来,正好表姐到我家来,在我房间里换衣服。我不知道,就闯了进去,看到她只穿了内衣和内裤。她看到是我也没当回事,就笑了笑。"

小Q不自觉地笑了笑,继续说:"我当时也没什么感觉,就退出去了。可是,晚上自己一个人睡觉的时候,怎么也睡不着,眼前总是表姐穿着内衣内裤笑眯眯的样子。我很慌乱。我父母都是比较正统的人,他们从不告诉我关于性的内容,只是暗示说那是肮脏的。我当时就觉得自己一下子变得肮脏了,但却莫名地激动起来。

"从那之后,表姐穿着内衣裤的身体就在我脑海中挥之不去了。我不自觉地开始了对内衣裤的追求。在家里,妈妈有内衣裤挂在卫生间的时候,我就总找理由去卫生间。我还总到表姐家里去,有一次还偷偷拿了两件她的内裤。拿回家的时候看着它们,激动得泪流满面。它们陪伴了我很长时间。

"后来上了高中,主要精力都用在了学习上。实在受不了,我就偷偷地拿我妈的内衣裤玩,不过每次都会骂自己。再后来上了大学,交了女朋友。我们在一起三年,大四毕业后分手了。"

　　他笑了,笑得有点古怪,扯了扯自己的衣服:"我一下子崩溃了。我沉溺在美好的回忆中不能自拔。我找到了她的内衣裤,一边想着一边自慰,后来就形成习惯了。只要拿着她的内衣裤,我就能很快享受起来。后来我又问她要,她不给我。我想内衣裤想疯了。

　　"后来有一天,我与一个女孩约会。趁她洗澡的时候,我用她的内衣裤自慰……然后我把它们偷走了,就那样不告而别。

　　"从此我就喜欢上偷内衣裤,而且无法自拔。我总是冒着被抓的风险去偷……很刺激!冒险得到的成果让我更加'性'奋,我无法控制自己。我看到中意的女生就想到她们的内衣裤,就想知道她们在哪里住,然后去偷内衣裤……我已经不想再找女朋友了,我有这些'宝贝'就够了。"

## 【现象】咸猪手、内衣大盗……不仅是口味轻重的问题

说起"咸猪手",这个词实际上来源于粤语,指的是诸如袭胸、摸臀等这一类行为,基本等同于性骚扰。

在公交车、地铁站、商场等公众场合,经常有一些女孩子遭遇"咸猪手",其中有一些人被发现了也觉得无所谓。

另外一个经常遭遇"咸猪手"的地方,就是电梯间或办公室。电梯里往往拥挤,且人们上上下下来回走动,于是给了一些人可乘之机。而在办公室里,以男上司仗着权力对女下属动手动脚的居多,当然也有女上司调戏男下属的。

我们提到的这几种"咸猪手"情况,只有一小部分是摩擦癖患者,剩下的绝大多数都是好色者的"占便宜"行为,其行为是可以自控的。

不管是女孩子还是男孩子,一旦遇到这种"咸猪手"行为,绝不要因为不好意思而忍一忍算了,一定要进行警告。如果行为继续,可以拿出一些小的尖锐物品,如笔、圆规、钥匙、别针等对着那只手扎下去!当然,如果你对位置判断准确的话,用高跟鞋猛踩也是不错的办法。

另外,窥阴癖最近频频见于报端。从对面楼里防不胜防的望远镜,到各个公共厕所里数不胜数的摄像头,实在让人崩溃。

有报道说,一位男子发挥智慧,将买来的摄像头放置在空牛奶盒里,摆到了女厕所中,暗暗偷拍女生上厕所的镜头。结果被心细的女生发现,这哥们儿的"苦心"算是白费了,还被抓了起来。

似乎大学校园已经成了被窥视的重灾区,那么,问题来了,大学如何尽可能地让窥阴癖远离呢?

首先,我想,最重要的就是大学中配备高素质的安保人员,并且采取相应的措施。另外,女孩一定要加强自我保护意识,提高警觉。

还有一些让女生愤怒的情况就是经常有"内衣大盗"光顾,就像前面的案例提到的那样。不过"内衣大盗"远远不仅限于校园中。

举个例子,在日本有一个"超级内衣大盗",累计得手的内衣竟然达到了4400多件！不过，据说这项不光彩的纪录后来被打破了。这种"工作态度"简直令人发指。

女性内衣裤只是恋物癖患者的癖好中较常见的一种，事实上，如我们所说，恋物癖分很多种，几乎无所不包。有人说："我是丝袜控、制服控、足控，我有恋物癖吗？"

对于这些朋友，应该视具体情况而定。多数人只是有恋物倾向而已。而且，一般只要不影响他人、不触犯法律、对自己的身体没有伤害，就没有太大的问题。毕竟，总得有点"情趣"嘛！

## 性偏好障碍的症结：家庭引导最重要

【解答】

性偏好障碍往往是在年幼时期埋下"病根"，长大后由于一定的契机刺激而引发的。因此，在儿童年幼时期，正确的性教育十分重要。

首先，男孩3岁以后就应该开始培养性意识。例如，母亲不能再带他去女浴室，不能在他面前换内衣裤，不能拿孩子的性器官开玩笑，不能让他人随意玩弄孩子身体，不能在孩子面前与其父亲发生性关系……在男孩3~5岁时，应该正确将孩子的恋母情结进行转化，让他开始认同并且崇拜父亲，以父亲为榜样成长；父亲则应对男孩进行性引导，尤其是在青春期的时候，教给孩子正确的性知识。

家长还应对孩子进行正确的教育。很多青春期少年都是由于儿时的心理阴影而产生了奇怪的性偏好。

有一个男生，因为从小有一个非常严厉的家庭教师，对他的要求极其苛刻，到了成年后，他却开始对严肃的女性着迷，并且家庭教师的标志——眼镜，就成了他迷恋的对象，这让他成了严重的恋物癖患者。

家长对孩子的性好奇应给予恰当的指引。尤其是青春期的孩子，反叛心理严重，越是藏着掖着，他们越是要自己发掘。家长应该在合适的时机用合适的语言，为孩子揭开性的神秘面纱，让他们明白，性并不是一件羞耻的事情，而是人的正常生理现象。同时，也要让他们明白，等到他们成人之后，才能够自行进行性的探索。家长要让孩子正确认识两性的差异，对于孩子的"早恋"问题更要慎重解决，应该注重从心理上引导，而不是一味地打压。

那么，一旦发现孩子已经有恋物癖、摩擦癖、窥阴癖等行为，应该怎么办？

首先，不要马上大动干戈、指责孩子的不是，更不要直接放"断绝关系"这种大招。家长应该先了解情况，看看孩子到了什么程度，情况是否严重。然后，应反思自己对孩子教育的不足，并且分析可能是哪些原因对孩子的心理造成了影响。

家长可以找一个合适的机会跟孩子开诚布公地畅谈一次，不要给他增加压力，让他明白你是来帮助他，而不是来责骂他的。家长应询问孩子的现状，并且表示理解，因为这世界上有各种各样的人，也有各种各样的偏好；但是，要告诉他这种偏好是不正常的，进一步发展下去不仅会给别人造成困扰，也会让自己承受很大的心理压力，还可能会触犯法律。如果家长认为自己没有能力对孩子的行为进行纠正，那么应该为他请一名专业的心理医生。

如果你是一位性偏好障碍患者，并且已经成年还深陷其中，想要进行自我解救，这里也推荐几个小方法。

### 1. 自我惩罚

随身携带一些小道具，比如在手腕上绑一根粗橡皮筋，当你有想偷窥、摩擦等想法时，就拉起橡皮筋狠狠地抽自己一下。疼痛会立刻让你清醒很多，也会坚定你要改变的决心。如果你觉得橡皮筋还不够有效，可以用针或其他东西代替，但是注意不要给自己的身体造成负担。

### 2. 催吐

当你脑海中出现需要纠正的念头时，马上服用适量的呕吐药物，让自己催吐，同时向自己展示自己偏好的场景。几次之后会形成一定的条件反射，再想到这些场景时，你便会产生呕吐感。

【生存法则】 掌握心理效应，克服性偏好障碍！

### 1. 棘轮效应

棘轮效应是一个经济学概念，它指的是人习惯于在收入增加时提高消费水平，但要在收入减少时降低消费水平却很难。

举一个极端的例子，当一个乞丐成为百万富翁之后，他很快就能习惯成为富翁后的消费方式，但是当一个百万富翁变成乞丐之后，却很难适应乞丐的消费方式。

这种效应同样适用于心理学范畴。例如，对性偏好障碍患者而言，性偏好障碍进一步加深是属于"提高消费水平"，而回归普通方式则属于"降低消费水平"。

性偏好障碍患者往往很难依靠自己的力量进行行为纠正，并且会不断产生愧疚感。由于患者往往自身非常痛苦，又会经受不住诱惑而继续实行性偏好障碍的行为，故应该寻求家人或医师的帮助，千万不要觉得难以启齿而任其发展。

### 2. 奖惩效应

所谓"奖惩效应"，字面上理解就是奖励和惩罚带来的心理效应。对于正面行为就要通过奖励来肯定和强化，对于负面行为就进行惩罚，以此来警告和避免这种行为。

首先，性偏好障碍患者应当确定，哪些行为是可以做的，哪些是不可以做的，哪些是应当奖励的，哪些是应该惩罚的。例如，对摩擦癖患者而言，由于公共场所的挤压和摩擦会给其带来兴奋感，那么去人多的地方就应该尽量避免。而和伴侣之间通过摩擦等方式增加情调则是可以进行的。到了人多的场合并且出现摩擦行为，就应该受到惩罚；虽然出现这种想法，但是很好地控制了行为，那么就应该受到奖励。

建议请他人来实行奖罚制度，同时，奖罚的内容要适当。例如，有男子对于自身患有性偏好障碍感到厌恶而采取了自宫的极端行为，这是非常偏激的。

### 3. 禁果效应

说到禁果，不禁要说亚当和夏娃的故事了。上帝在创造亚当和夏娃之后，告诉他们，伊甸园中所有树上的果子都可以吃，唯有"知善恶树"上的果实"不可吃，也不可摸"。后来，夏娃被恶魔引诱，和亚当一起偷吃了禁果。正因为这样，上帝将他们赶出了伊甸园。

越是想要隐藏的东西，他人就越是想要窥视；越是下了禁令，人们就越是想要逾越。这就叫作"禁果效应"。禁果效应既包含了人们的好奇心，也有冒险和逆反的心理。

禁果效应在性偏好障碍患者中很普遍。例如，最初有摩擦、偷窥等行为，很多都是由于好奇心和冒险心所驱使的。而在后来，因为知道这种行为是不对的，并且是被禁止的，更因为逆反心理和冒险精神而陷入其中、无法自拔。

反过来，禁果效应也可以用来帮助性偏好障碍患者进行自我治疗。他们可以发挥自己的好奇心、冒险精神与逆反心理，在其他领域进行学习和探索，将自己的精力投入到有益的方面去，这样既能够转移自己的注意力，又能够进行学习创造，在其他方面做出成就。

### 4. 链状效应

刘禹锡在《陋室铭》中说："谈笑有鸿儒，往来无白丁。"意思是说，他所交往的都是满腹经纶的有才之士，而没有目不识丁的草野之人。这就从侧面表现出他自身也是一个有才学有德行的高人。这其中所体现出来的，就是链状效应。

链状效应指的是社会环境对人的影响以及人与人之间相互的影响。可以说，每个人都是一个"点"，点与点相互连接，就变成了一条链。链中的每个点都是相互影响、相互作用的。因此，从一个人交往的朋友中，往往就能看出一个人的品质和水平。同样，身处一个积极向上的社会环境，交往有正面导向作用的朋友，也能让一个人更加进步。

对性偏好障碍患者而言，由于其属于小众群体，因此更喜欢寻找同好的人来增加认同感。但是，在一个性偏好障碍患者云集的链条中，由于受到

环境的影响，受到其他人的干扰，治疗很难顺利地进行下去。因此，性偏好障碍患者应当脱离"同好"环境，杜绝与这类人群交往，不上同类型的网站、论坛，不参与群聊等。让自己不再是这个链条中的一员，不再受到相关影响。

### 5. 零和游戏效应

零和游戏意味着，游戏双方是严格的竞争关系，双方的收益应该是一正一负且绝对值相同，相加结果为零。双方的竞争是要完全击败对手的，绝对无法实现合作。

例如，在足球场上，一方进了一球必定意味着另一方丢了一球。再如，在下棋中，有人赢了一局，就必然意味着另一人输了一局。零和游戏将胜负分得非常清晰。

事实上，性偏好障碍患者也可以看作是零和游戏的一方。患者在向他人做出不良行为的时候，意味着自己收获了快感，也给他人带来了不幸，可以说是"把自己的幸福建立在别人的痛苦之上"。

因此，性偏好障碍患者应该学会换位思考，在治疗过程中故态复萌时，可以换到对方的角度上思考一下。比如，露阴癖患者，想象有男性突然朝你露出下体，还一脸猥琐地看着你自慰，你会有什么反应。换位思考，有助于性偏好障碍患者对自我行为进行纠正。

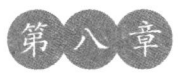

第八章

别让他人为你的"性福"埋单——

# 性偏好障碍(下)

## 【精神病自测】看看你是否有恋童情结？

请你找一处安静的地方，回忆自己最近六个月的情形，根据实际回答下面的问题。

1.你是否对青春期前的儿童或者幼儿过度感兴趣？
2.你是否对青春期前的儿童或者幼儿有性幻想？
3.你是否对青春期前的儿童或者幼儿有性冲动？
4.你是否对青春期前的儿童或者幼儿有性行为？
5.你是否因为对青春期前的儿童或者幼儿有性幻想、性冲动或者性行为而感到巨大的精神压力？
6.你是否已经年满16岁并且比所恋儿童或幼儿大5岁以上？

以上6个问题中，如果你的回答有1个以上为"是"，那么你可能有恋童癖倾向；如果你的回答有3个以上为"是"，那么你很有可能患有恋童癖，建议到专业机构做一下鉴定。

恋童癖是一种性偏好障碍，并且会给孩子带来巨大的伤害，给社会带来恶劣的影响。这一章我们将介绍恋童癖和性虐待症。

**【问题】**

# 恋童癖、性虐待症

在上一章，我们说到的露阴癖、窥阴癖、摩擦癖、恋物癖等从道德层面往往让人难以接受，也会或多或少地影响社会治安，而这一章我们提到的恋童癖、性虐待症则更容易发展成犯罪。

前阵子，"校长"成了让大家闻之色变的名词。有一天，某H看了相关的新闻之后古怪地看着我，一脸严肃。忽然，他冷不丁地问了一句："你说，我会不会跟他一样，是恋童癖？"

我差点儿被这个问题呛死。

某H一脸苦相："我喜欢的动漫人物都是小萝莉！古手梨花啊，维多利加啊，夏娜啊，美羽啊，她们可都是可爱的小萝莉！我不会也是变态吧？"

我笑到岔气，才明白过来，敢情这哥们儿把萝莉控和恋童癖混为一谈了。为了让他放心，我给他详细讲了何谓"恋童癖"。

平时我们会听到谁谁说："哎呀，我是萝莉控啊、正太控啊。"这是和恋童癖完全不同的概念。萝莉控、正太控一般是指对虚拟人物（动漫或电影人物）的喜爱和痴迷，而恋童癖指的是现实生活中对儿童有性幻想或者性行为，所以两者是完全不同的概念。

在东野圭吾的经典小说《白夜行》中，就有关于恋童癖的情节。一个中年人经常去找一个妓女逍遥，谁知道，他的目标竟然不是这个成年的母亲，而是她年幼的女儿！原因是"他无法面对成熟的女人勃起，只能找年幼的孩子来发泄"。这个中年人以幼女为性行为对象，已经构成了犯罪行为。

恋童癖是一种以儿童为性对象来获得性满足的性偏好障碍，患者基本都是男性；有的只是对儿童进行猥亵，有的则会发生实质性的性交行为。

恋童癖患者起初可能较为"单纯"，只是想通过抚摸、窥视或者玩弄孩子的生殖器等方式来达到自己的性满足。但是时间一长，这些就无法再满足他们。他们会想方设法要求进行实际性的性交，为了自己的快感，甚至

不惜对孩子进行伤害和折磨。

恋童癖患者的对象一般在13岁以下，有的甚至在3岁以下。而男孩受害者一般是在12～14岁，女孩受害者则多为7～10岁。从中，可以看出同性恋和异性恋在恋童癖上的不同年龄偏好。

恋童癖患者可分为几种类型：

一是诱拐型，喜欢对身边熟悉的孩子下手，比如亲戚朋友或邻居家的孩子、自己的学生等。他们一开始先跟孩子"交朋友"，跟孩子搞好关系，让孩子对他言听计从，然后再一步一步引诱孩子，逐渐发生性接触。并且，他们往往会将固定的孩子作为性对象。

二是冲动型，往往对陌生的孩子下手。他们并没有固定的目标，也没有什么周期，甚至能正常娶妻生子。但是，一旦他们受到较大的精神刺激或生活压力，就会想要通过这种方式来发泄。他们的行为往往是冲动的，目标一般是陌生孩子。

三是虐待型，他们不在乎是不是熟悉的孩子，也不在乎用什么方式来猎取孩子。他们往往直接进行攻击，这种攻击行为会让他们产生快感。他们喜欢虐待孩子，并且常常会用非常下流的方式来对待他们，以此得到满足。

某H听完我对恋童癖的解释之后似有所悟，也终于放下心来。不过在听到最后一种虐待型恋童癖的时候，他的眉头皱了起来，问："这就是那种——性虐待？"

说到性虐待症，这又是另外一种性偏好障碍了。

性虐待症包含两种，一种叫作"性施虐癖"，一种叫作"性受虐癖"。有性施虐癖的人喜欢从精神或肉体上对性伴侣进行一定的折磨和虐待，从而获得满足；有性受虐癖的人则享受从精神或肉体上被性伴侣进行一定的折磨和虐待，从而获得满足。这两种类型可谓一个愿打一个愿挨，倒是"互利互惠"，也算是"和谐"了。

为什么有人喜欢施虐、有人喜欢受虐？实际上，这是一个支配与被支配的问题。性施虐癖患者在施虐的过程中，获得了一种暂时性的支配权，这使得他们获得了心理满足，同时感到自己的强大和优越，也让他们产生性兴奋。一般有两种情况：一是平时控制欲很强，因此在性事上也贯彻强势的态度;二是平时地位卑微、个性孤僻、不受重视,心理严重失衡,因此在性事上通过强硬的手段获得支配权,以此获取存在感和征服感。

同理,性受虐癖患者则在受虐过程中暂时放下自我,因身体和心理被支配而失去尊严,因被驯服而获得暂时的安全感,这个过程让他们感到性兴奋。一般也存在两种情况:一是生活中时常处于弱势的人,习惯于服从和完成指令,习惯于受到不公平的待遇,因此在性事上也处于被动的、受虐的地位;二是在日常生活中身处高位,积累了大量压力,感到身心俱疲,渴望暂时调换地位,让自己在受虐的过程中暂时舍弃身份,在被支配中释放压力,在疼痛中获得快感。

但是,性虐待一旦过度,就很容易造成大问题。国内外都曾有过施虐过度致死的报道。虽说是双方自愿,但必须适度;否则,为了一时的快感搭上自己或者他人的性命就得不偿失了。

另外,还有一些性施虐症患者为了满足个人需求,采取强硬的手段强迫他人,并在凌辱和强迫性行为中获得快感。这种情况则构成了犯罪。

因此,性虐待不能偏离一定的"度",如果只是作为双方自愿的情趣生活,在合理的范围内倒也无可厚非。但是,一旦出现了对人的伤害,则必须审慎对待。

## 自杀？不，要虐杀！

三岛由纪夫是日本著名的小说家，代表作是《金阁寺》。他在文学上的成就很高，甚至有人将其誉为"日本的海明威"。他三度入围诺贝尔文学奖，著作被翻译成了许多种语言。

三岛由纪夫在战后非常活跃，他是个右翼狂热分子，一心想要日本"重振旗鼓"，再度实行侵略。说到这里你就应该知道，这位文学大师的心理比较扭曲。

三岛由纪夫绝对是一个性虐待症患者。

他的表现比较特殊，并不通过性交来释放性欲，而是一边疯狂地想象着虐杀的场面，想象着自己一口一口将新鲜的人肉咬入口中，一边进行激烈的手淫。他认为，他的性欲是充满血腥味道的，是扭曲着疼痛的。只要在脑海中想象着人们血淋淋地疼痛而死的画面，他就会异常兴奋，然后开始自慰。

三岛由纪夫最后死于自杀，死亡的形式是切腹自尽。

说到日本，就不得不说一个虐杀事件了。这个事件给我留下的印象非常深刻。

由于日本人生活的压力非常大，加上他们的文化对于"自杀"有推崇色彩，所以日本的自杀率一直都是居高不下。杀手K就是看准了这个"机会"，开始了虐杀之旅。

想要自杀的人一般会有什么心理呢？一是惦记家中老小，因此犹豫不决；二是缺乏勇气，下不了决心；三是担心"黄泉路"上无人陪伴，孤单寂寞。于是，在这种情况下，就出现了一些人"相约自杀"的情形。他们通过社交网站或者即时通信工具联系到彼此，找到"志同道合"的人，然后约定自杀的地点、方式，甚至彼此鼓励、相互陪伴，一起走完人生的最后一步。

K假装自己也想要自杀，和一些想要自杀的人建立起了联系和信任，终于约好了要一起自杀。

其中有一个年轻女孩，我们姑且称之为和子。和子与K交谈后，大有相见恨晚之感，于是在一个风和日丽的日子里，约好一起烧炭自杀。

可是，这个时候，K原形毕露了。他把和子禁锢起来，并且用胶带展示了花样捆绑技术，把她狠狠绑起来让其痛苦不堪、拼命挣扎。看到和子惊恐的脸，他顿时感到异样的快感，浑身兴奋得不得了，更是"雄风"大振。不过，他还是不满足于此。他又用橡胶手套使和子窒息，看到她因痛苦和恐惧而扭曲的表情，K感到十分兴奋。最终，K将和子杀死。

最令人毛骨悚然的是，K还将整个杀人的过程全部录下来，以方便日后一遍一遍回味虐杀的过程，重温那种兴奋和刺激，从而达到性高潮。

不仅如此，他还将自己杀人的过程、心理状态、手法等写成小说在网上发表，同样是为了回味，更是为了"分享"和"炫耀"这份快感。

三岛由纪夫和杀手K都是十足的性虐待症患者，并且不仅仅满足于普通意义上的施虐，给他人带来了不可估量的伤害。

恋童癖同样也会给他人带来不同程度的伤害，由于受害者年纪较小，甚至会改变他们一生的轨迹。

L已经大学毕业几年了，他有一份稳定的工作，收入不菲。相貌堂堂、风度翩翩的他被很多女孩子仰慕着。可是，他下班之后，却从不去约会，也不愿意应酬，而是去兼职做家教！这可不是因为他生活拮据，而是另有隐情。

"做家教很好啊，能认识很多'弟弟'，家长们还不会起疑，巴巴地把他们的孩子送到你手里，"L得意地跟"同好"们炫耀，"我可是他们的'老师'啊，自然会教他们一些'知识'！"

L正是一位男同性恋童癖患者，以家教身份来掩饰自己"怪蜀黍"的本质，在家长们的眼皮子底下猥亵小男孩。他甚至同时有好几个"弟弟"！

他还有一套自己的"经验"：

首先，要在家长们面前建立良好的形象，彬彬有礼，讲知识点要明确易

懂，跟小孩子打成一片。其次，单独面对小孩子的时候要有意收买，经常送一些玩具或者礼物给他们，带他们吃好玩好，给他们零花钱，以此赢得他们的欢心。然后，一步一步，逐渐引诱孩子上钩，使其成为自己的玩偶。

在选择目标上，他也很谨慎。第一，家庭不是特别富裕或是管得比较严的，小孩子手里没有什么零花钱，面对玩具或者零花钱等诱惑容易上钩。第二，家长不太负责任的，把孩子扔给家教就不管了，让孩子很容易对家教产生情感依赖。第三，特别听话的孩子，一般这种孩子很缺乏自我保护意识，也没有什么性知识，容易引导。

就这样，L玩弄了不少的小男孩，甚至和一些建立起了"感情"！而男孩一旦长大，过了那个年龄段，马上就被L弃之不顾了。

有人说，生女儿要担心她被人欺骗了感情和身体，生儿子就放心了。现在看来，真的是生男生女都一样，要小心再小心！

【现象】

# 那些防不胜防的校长和SM

**那些防不胜防的校长：恋童癖**

"校长猥亵9岁女生被捕""校长长期猥亵留守儿童""校长猥亵女生并强迫学生拍裸照"……有一段时间，我们的视野里经常充斥着这样的新闻。一时间，人们纷纷惊恐，"校长"成了洪水猛兽，成了恋童癖患者的代名词。

理应为人师表的校长们，为什么会做出如此毫无人性的事？

首先，我们要了解一下恋童癖患者的心理成因。

过分留恋儿童时代。"我不想，不想长大"，这是大家普遍的心声，因为儿童时期往往是纯真美好的。在人的心理中，常会有一些"幼稚""脆弱"的部分，这就是幼儿或者儿童时期滞留或者延续下来的。这都是正常的心理现象。人们对于"熊孩子"们又爱又恨更是说明了这一点。

那么，什么是"过分留恋"呢？有少数人会极度怀恋儿童时期，甚至对自己成年人的身份感到反感。他们想要再次感受到那种单纯天真，可是自身却已经迫不得已地长大了。那么，要如何"回到过去"呢？方法就是以儿童为"伴侣"，在对儿童进行幻想、爱抚、猥亵等的时候，满足自己对儿童时期的过分留恋。

成人世界的失败经历。他们可能在成人世界里感到疲惫，比如工作受挫、人际交往困难、夫妻感情破裂等。他们认为成人世界复杂莫测，而孩子却是单纯的，不仅让他们没有任何压力，而且让他们能够占据优势地位。这种心理会慢慢转移到两性关系上，只有在这种两性关系中他们才有主导权，并以此填补成人世界里的缺失。

心理退化。在遭受到精神刺激或者重压打击的情况下，由于自身的怯懦软弱，无法面对现实，潜意识中希望回到童年无忧无虑的时刻，因而发生了心理退化。他们往往会将心思放在小女孩身上，把她们想象成自己的港湾，如慈祥的母亲或温柔的恋人等。

那么，校长们的恋童癖源于何处呢？恐怕主要与第二点有关，即成人世界的失败经历。

这些校长选取的对象是非常年幼的学生，不论是从生理上还是心理上都非常好控制，成功率高，事后安抚加威胁，往往学生就不敢也耻于告诉父母家人了。可以说，在面对自己年幼的学生的时候，校长们占尽优势。如果他们选择的对象是成年人的话，可能情况会复杂得多，会让他们无力应对。由此折射出的是他们在成年人世界中的不自信，甚至有不少失败经历。

长时间和年幼的学生接触可谓"近水楼台"。不过，其深层次的心理原因才是驱使他们伸出罪恶之手的真正缘由。

那么，为什么校长们能够屡屡得逞呢？很大一部分原因是，学生们不敢将这件事情讲出来，更不知道自己受到了多大的伤害。其根源在于，家长们对于孩子谈"性"色变，天真地认为让孩子远离这个话题就是对他们最好的保护，甚至妄图为他们打造一个"性真空"状态。这和遇到危险时将头埋进沙子的鸵鸟一样，属于一厢情愿。现在，电视、杂志、小说、游戏……到处都充满了跟"性"有关的知识，并不是你不跟他们讲，他们就接触不到。但是，放眼望去，好像并没有什么渠道清楚地告知孩子们如何保护自己，遇到伤害之后要怎么做。因此，家长们必须对孩子们进行相关教育，让孩子们学会自我保护。

**SM，如果只是情趣**

性虐待的爱好者其实不少。很多人喜欢说一些带有侮辱色彩的脏话、在对方身上轻微啃咬、将对方眼睛蒙住、对对方施行某种程度的捆绑等，这些都是带有一定性虐待色彩的情趣。

性虐待游戏也分为很多种类。比如，曾有段时间很流行女王俱乐部。所谓"女王"，也就是施虐一方的"女主人"，而甘心前来做"奴"的男人们，则在女王的"调教"下痛并快乐着。比如，有人喜欢被高跟鞋踩住，有人喜欢被女王鞭打，有人喜欢做"狗"在女王脚边享受着命令和辱骂……在开始之前，双方要列一个详细清单，确定"调教"的内容和范围。而女王们则需要注意，在调教过程中不要对"男奴"造成身体上的过分伤害。

有意思的是，很多前往寻求调教的男人都是有着高学历或高社会地位的人。

近两年，美国兴起了一种新的性虐待方式，叫作"广场骑马"。在一个特殊的"骑马场"里，被虐方赤裸身体，套上特制的头套和缰绳，四肢着地，扮成"马"。而"主人"们则骑在"马"的身上，像真正骑马那样。整个过程中，双方没有语言的交流。

被虐方在这个过程中，一心一意地做一匹"马"，完全脱离了人类身份，将自己彻底物化，以此得到满足，释放压力和欲望。

还有一种特殊的模特，称为"绳模"。她们往往是年轻貌美的女孩子，有被虐待的倾向，喜欢被用各种方式进行捆绑。她们打扮得漂漂亮亮，在公共场合被绳子捆绑起来，供人拍照和欣赏。

性虐待的方式有很多，只要是在合理的范围内，就只能算是情趣。但是，一旦超过一定的界限，就可能会造成无法挽回的结局。

小U尝试了近来比较流行的"性窒息"。他穿上自己最喜欢的女装，然后带着丝袜、绳索、塑料袋等多种道具来到偏僻无人的地方，将自己进行捆绑，并且采用塑料袋套头、丝袜套头、上吊等窒息性行为，让自己的大脑达到窒息缺氧的状态，同时产生幻觉和兴奋，达到了性高潮，感觉自己要飞起来了，似乎都看到了天堂的大门了！但是，在高潮之后，他太累了，甚至有些意识不清，周围又没有人帮助他。他挣扎了半天，没能从绳索中挣脱出来，脖子上的绳子反而越来越紧，最终要了他的命。

更有甚者，像我们在案例中提到的，一些有严重的性施虐症的人，可能会有对人施暴甚至将人杀害的冲动，在虐杀受害者的过程中获得快感。中间可能会有性行为，也可能没有。虽然这种是极少数，但是应该引起足够的重视。一旦发现自己有这种想法，应该马上去向心理医生求助。

## 【解答】 恋童癖的治疗：挖掘原因，对症下药

有的人恋童是因为心理不成熟，还处在儿童时期；有的人则是因为在成人社会中经历了失败和创伤，转而将兴趣转移到了儿童身上；有的人是因为对于儿童的过度喜爱，而这种喜爱超越了正常的界限；有的人是因为自己儿时受到了来自父母或者亲戚的虐待，甚至是性侵害，长大后自己则成为了施虐者；有的人是因为孤单寂寞而又没有机会接触到成年女性……

对于这些不同原因造成的恋童癖，应该深入挖掘背后的原因，进而找到合适的治疗方案。

首先，可以通过厌恶疗法减轻患者对于儿童的变态爱恋。给他们出示儿童的照片或者录像，在他们有了性冲动之时对其施行电击，长此以往，让他们对于自己之前所偏好的类型产生厌恶，进而减少对儿童的兴趣。

其次，可以通过联想记忆，只要患者出现了对儿童产生兴趣的想法的时候，就让他们想象自己因为犯罪而被警察带走，被周围的群众指指点点，到了监狱中被狱友看不起等场景。让他们自己认识到后果的严重性，进而从自身的心理上对自己的行为产生不适。

在减少对儿童的偏好的同时，更应该培养患者对于成年异性的兴趣。一方面，加强他们的社交能力，使他们能够和成年异性顺利进行健康的社交活动。在社交中，培养他们在面对成年异性时的勇气和自信。另一方面，则要让他们成功对成年异性发生"性"趣，让他们对成年异性可以有性反应和性冲动。

另外，如果患者有婚姻或者亲密关系，最好是能够请双方一起来接受治疗。因为，这种情况下，往往是婚姻的失败、在另一半面前抬不起头来等原因使得患者产生恋童癖。这时候，如果另一半能够一起接受治疗，那么，一方面可以给予患者精神上的慰藉，另一方面则可以从源头上来查找原因，并且能调整双方的相处模式。

催眠疗法也是非常有效的治疗手段。催眠疗法可以将患者导入一种特殊的意识状态中，然后通过暗示或者精神分析的方式来进行治疗。

# 【生存法则】 这些心理效应让你越活越快乐

### 1.上瘾效应

如果我们长期固定地做某一件事情，经常重复，那么我们相应的神经细胞之间就会时常整合连接，建立起稳定的关系。而当我们的身体或者大脑产生某种情绪的时候，下丘脑就会分泌出来一种叫作"胜肽"的物质，随着血液到达我们身体的各个细胞之中。久而久之，如果我们不进行这种固定行为，身体就会产生对于这种"胜肽"的饥饿感，而神经细胞之间稳定的通道也已经准备好了。身体就主动对你提出要求：快去做这件事情！于是，我们会发现自己经常在重复某一件事情或者某一种情绪，怎么也改不了，就像是上瘾了一样。这就是上瘾效应。

性虐待症患者和恋童癖患者也是如此。因为长期通过施虐、受虐、恋童等形式来获得快感，大脑神经元已经习惯如此，身体也在渴望同样的胜肽，再加上性快感的驱使，很快患者就会重蹈覆辙，无法克制，继续这种上瘾一般的行为。

性虐待症患者和恋童癖患者该如何戒掉这种"上瘾"呢？首先，其应当改变自己的行为模式，避免沉迷其中，通过中断行为模式避免"瘾头"。其次，可以发展某种兴趣爱好，将精力投入其中。一段时间之后，之前神经细胞之间的"通路"逐渐"荒废"，甚至消失，这样一来，全新的行为模式就可以慢慢替代它。

### 2.吊桥效应

吊桥效应作为著名的爱情理论，相信大家都是听说过的。当一对男女走到一座摇摇晃晃、充满危险的吊桥的时候，两个人会把因为面对危险时而产生的口干舌燥、心跳加速等感觉误认为是恋爱的感觉。最后两个人会不自觉地牵手。

事实上，吊桥效应的关键就在于"误解"。在危险面前，很容易将紧张理解为爱意。那么，在两性之中，也很容易产生"误会"。

比如，受虐者很容易将屈辱、疼痛带来的异样感觉误以为是"性"奋、快感，从而沉迷其中，不可自拔。而施虐者将不断从暴力、命令中得到的征服感误会为快感。一旦不能满足，他们就会不断将行为升级，用新的方式来换得"吊桥"感觉。

了解了吊桥效应，性虐待症患者就可以明白，在施虐、受虐的过程中感受到的过度快感实际上是一种心理上的错觉，应当在专业心理咨询师的帮助下，找出导致自己出现这种性癖好的原因，以疏导的方式去面对，然后慢慢让自己恢复正常。

**3.条件反射**

条件反射的理论无须追溯。在经常通过恋童、施虐、受虐或者其他方式获得性满足之后，只要看到或者想到相关场景，心理和生理都会产生自然反应。这也是性偏好障碍患者很难自我控制的另一个重要原因。

同样，条件反射也可以用到性偏好障碍患者的治疗中。比如，前面提过的厌恶疗法就是如此。在给性偏好障碍患者展示其相关偏好物品或者场景的同时，对他们进行电击或者催吐，使其形成条件反射，以此减轻他们的症状。

## 第九章

上帝把我的灵魂装错了躯体——

# 性身份识别障碍

【精神病自测】

## 看看给你的性身份识别障碍打几分

请你找一处安静的地方,回忆自己的情形,根据实际回答下面问题。

1.你是否渴望成为另一性别?
2.你是否对外坚定地宣称自己就是另一性别?
3.你是否对于自身的性别感到不适?
4.你是否对于自身的性别感到痛苦?
5.你是否对于自身的性别感到厌恶?
6.你是否没有自身性别的主观感受?

以上6个问题中,如果你的回答有1个以上为"是",那么你可能有性身份识别障碍倾向;如果你的回答有3个以上为"是",那么你很有可能患有性身份识别障碍,建议到专业机构做一下鉴定。

2岁左右的时候,孩子就开始知道自己是男孩还是女孩,如果在这个时候不加以适当的引导,那么孩子长大后就很容易出现性身份识别障碍。

【问 题】

# 易性癖？双重角色异装症？

某天，我的好朋友阿T好奇地围着我观察了半天，一脸羡慕。阿T高挑丰满，拥有无数女孩子梦寐以求的好身材，可是她把头发剪得很短，也只喜欢穿男装或者中性装。我正在想她是对我的纤细的身材嫉妒了，还是被我白皙的肌肤折服了，正暗暗得意，结果她很严肃地问道："你是怎么做到的——让自己的胸那么平？"

我鼻子都要气歪了，一脚把她踹到一边去，告诉她，因为我一直是个好学生，从小到大成绩都是A，各个方面都是A，我A证明我优秀，证明我上进，证明我不屈不挠。在听了我的一堆不知所云的掩饰之后，阿T揉着屁股从地上站起来，很无辜地说："我一直以为你是做了缩胸手术的，还想问问你哪家医院好……"

我当时深吸了一口气，顿时感觉自己通了任督二脉，一套军体拳把她打趴下，这么多年你都知道我是女的还真是谢谢你了。

"不对啊，别人都要丰胸，你为什么要缩胸啊？"原来，阿T一直觉得自己应该是个"纯爷们"，对自己饱满的胸部很不满意，希望能够通过手术缩胸，让自己的胸部更加平坦，好让自己更"MAN"一些。

阿T的情况属于性身份识别障碍。

性身份识别障碍指的是个人对于自身性别的定位和其生物意义上的性别不一致，也就是说心理性别和生理性别不一致。从生理构造来看，明明是个女孩，但是在她的性别认知上，她却认为自己是一个男性，或者说性别角色倾向于男。或者，明明是个男人，但是在他的性别认知上，他却认为自己就是一个女人，或者说扮演的应该是女性的角色。或者，一个人心理性别模糊，即使在生理上拥有男性或者女性的性别，但是对于自己心理上的性别定位却很迷茫，不知道自己是男是女。

性身份识别障碍形成的原因是什么呢？首先，我们不能否认的是，有一部分人是受到了生理因素的影响，但是绝大多数性身份识别障碍患者都是

由于在婴孩时期没有得到正确的性身份引导或者教育而导致的。事实上，几乎所有的父母或者亲属都没有意识到这一点。尤其是中国的家长，很喜欢拿小孩子的性别来开玩笑，给孩子错误的性别暗示，导致孩子在形成性别观念的时候产生错位。

我们现在来介绍两种常见的性身份识别障碍：易性癖和双重角色异装症。

首先，我们要说的这种性身份识别障碍叫作"易性癖"。易性癖是一种比较彻底的性身份识别障碍。所谓"易"，也就是改变的意思。易性癖，字面来理解，就是试图改变自己的性别。他们不会迷茫，而是坚定地认为自己就是异性性别，而上帝只是把他们的灵魂装错了躯体。他们不会从心理上来寻求解决，而是会通过一系列手段来进行生理上的改造，以让自己的躯体适应自己的"灵魂"。很多易性癖患者都想通过手术的方式来拥有自己"真正"的性别。他们也会希望他人把自己当成真正的异性来对待。

易性癖患者对于异性的身份是非常渴望的。他们的心理状态、穿着打扮、生活方式都向真正的异性看齐。同时，他们极度渴望"身心统一"。他们对于自己心理的坚定认同使得他们只能通过改变身体来得到统一。而他们更加渴望的，是社会对其异性身份的认同。

易性癖患者的性行为相对较少。他们会与同性发生爱情，但是由于他们的性别倒错，对于他们而言，与同性的爱情才是"异性恋"，是与社会主流文化相符的恋爱关系。比如，一个女孩，她认为自己其实是个男生。那么，她就会对另外的女孩产生爱慕和追求，并且认为这才是正常的爱情。如果要她和男生交往，或者和另一个男性化的女孩交往，她会觉得那才是同性恋。

说了易性癖，我们再来说说性身份识别障碍的另一种——双重角色异装症。双重角色异装症患者不像易性癖患者那么笃定自己的异性身份。他们并不否认自己的生理性别，在心理上也依旧有自己生理性别的心理特征。他们只是通过在生活中穿着异性服装，暂时获得异性身份，以此获得心理上的满足。因此，可以认为他们的性别是双重的，即自己的生理性别和让自己获得心理满足的异性性别。他们可能会在这两种性别角色中交替，更多的时候是处于两者皆有的矛盾中，而可能只是某一种性别角色占了上风而已。

需要和双重角色异装症区分开来的，是异装癖。异装癖和窥阴癖、恋物癖等一样，是一种性偏好障碍。

异装癖患者以男性居多，指的是一个人穿上异性的服装的时候，会感到性兴奋和性冲动，并在穿着异性服饰的时候进行自慰或者性交。他们可能起初只是在青少年时期由于对异性的好奇而进行了尝试，逐渐沉迷其中，一发不可收拾。他们喜欢偷偷穿母亲、姐妹甚至是妻子的服饰，有的还喜欢浓妆艳抹、打扮夸张，并且到公众场合示人。但是，他们最重要的目的，并不是在心理上进行性别角色的认同，而是为了唤起性欲，达到性兴奋。

因此，区别双重角色异装症和异装癖最重要的依据就是，在异装过程中是否伴随性兴奋。

比如，一个少年小Y，他会对自己的性别产生一些模糊的认识，有时候会觉得"哎呀讨厌，人家是女孩子啦"。他可能有些女生的爱好，比如爱看韩剧、喜欢长腿欧巴。那么，有时候他可能就会按照女孩子的样子来打扮自己。但是，他穿着女装的时候，是为了暂时得到女性的角色，只有"此时此刻"自己确实是个女生。一旦脱掉女装，他又重新回到男人的身份里。在穿着女装的时候，他也并没有感到性兴奋，而主要是心理的满足。他在两种性别之间摇摆，两种性别在不同的情况下分别占上风，让他产生不同的性别倾向。那么，他应该就是双重角色异装症患者。而如果小Y确定自己是男性，但是看到女装就控制不住，看着镜子里自己画着眼线、留着胡碴、一身长裙摆着POSE的模样，觉得怎么这么性感，顿时按捺不住，兴奋不已。这种才应该是异装癖。

## 【案例】 被禁锢的灵魂

眼前这个人三十几岁了,干净整洁,坐在轮椅上,脸上化着淡妆,穿着丝袜和裙子。他皮肤白皙,可以看得出来保养得很好。他语气轻柔,姿态优雅,眉目之间尽显温婉,举手投足都散发着强烈的女性气息,瞬间"秒杀"了我这个生理上的女人。

他对我最初称呼他为大哥有点儿不满,"如果方便的话,我希望你叫我大姐。"他笑着说,咻咻地笑起来,带着点羞涩。他表现得那么自然,丝毫都不显得矫揉造作。

"不怕你笑话,我对于人生最大的愿望,就是能去做变性手术,变成一个真正的大姐。"

他又有点儿不好意思地笑起来。"不过我这辈子都在贫困线上挣扎,一直都没有钱。而且现在得了病,更是没钱了。不然的话,也想去做个手术,变成女孩的身体。哪怕是死在手术台上也好。"他的语气里满是渴望和遗憾,还有淡淡的忧伤。我告诉他,他现在就已经很女人了,比我女人多了。

他开心地笑起来,很有兴致地讲起了自己的故事。

"从一出生,我就知道自己是个女孩。"

他没说"觉得",他说的是"知道"。

"我不喜欢那些飞机大炮的玩具,我喜欢小娃娃,喜欢发卡,喜欢裙子。我也不喜欢那些男孩子跑来跑去大喊大叫的,动不动就摔一跤。我觉得他们很粗鲁,我喜欢和女孩子们一起安安静静的,玩个过家家什么的。

"我小时候也有被打扮成小男孩的照片。可是我不喜欢,当时的内心不知道为何抗拒,就是觉得怎么我跟别的小女孩不一样。当时有个大人跟我说:'你是小男生,你有小鸡鸡。'我当时就哭了,我说我是小女孩。他就大笑起来,说:'等你的小鸡鸡没了,你就是小女孩了。'我真的相信了,就等着自己变得和别的小女孩一样。不过,我等了好几年,才知道那是不可能的。

"后来，长大一点了，就知道喜欢小男孩了。那时候我们班里有个淘气包，很精神，天天爬上爬下，不是把自己磕了碰了，就是把别的小孩弄哭了。但是别的小孩欺负我的时候，他就帮我，挡在我前面跟欺负我的孩子打架。我当时感觉就像遇到了救星一样，非常感激，后来，后来反正就是挺喜欢他的。那是我印象中第一次喜欢男生。

"后来，我发现我总是对男生抱有这种'喜欢'的感觉，对女生只是喜欢和她们一起玩。当时我们按照男女生分组啊什么的，我就总想去女生那组，可是我每回都被分到男生那组。当时我很沮丧，那时候我还在相信着我的身体能变得像女生一样呢。不过长大之后，就发现了自己和女孩子相差很远。我不得不接受了自己拥有男性身体的事实。可是既然这样，那为什么我还是喜欢小男生呢？我是不是有毛病啊？

"自从发现自己真的是个男生之后，这个问题就一直很困扰我。后来长大点男女生不是会划分界限吗？但是女生不会跟我划分界限，她们还是和我一起玩。在她们的心里我好像并没什么不同。这一点让我特别感激。

"后来，接触到一些资料，知道这世界上还有许多像我这样的人，就是自己是男生，但是还是会喜欢男生的人。于是我知道，我并不是有什么特殊的毛病，我也就不再纠结了。高中的时候，我喜欢上了我们班一个男生，他真的太帅了。他阳光刚健，见到他的时候就好像你的整个人都被点亮了。我就总是找借口跟他搭话，帮他整理书桌什么的。我看到他就心扑通扑通跳，害羞得不得了。那完全是一个女孩对男孩的喜欢。

"到大学的时候，我交了第一个男朋友。我完全不觉得那是同性恋，要是我和女生在一起了，我才觉得是同性恋。而且不是我自夸，我可以算得上是温柔体贴、勤俭持家的好妻子。"他有点儿得意，脸上还泛着些娇羞的红晕。"洗衣做饭、唱歌跳舞什么的，女孩会的我都会，女孩不会的我也会。真的。我还公开地穿起了裙子来，在镜子前面照了好久，快乐得都快哭出来了。可是，大家都像看猴子一样看着我。还有很多人接受不了，导师也找我谈话。我想要做我自己，却要经过别人同意，这多可笑。唉。再后来，有人怀疑我们的关系了，他压力很大，我们就分手了。我——我不怪他。毕竟，毕竟……唉。"

他神色黯淡了些，不去谈自己的感情史了，"……我常常会想，我明明就是个女人，为什么要给我一个男人的躯体呢？我只是想要像其他女孩

一样去生活,却难上加难。我不得不接受我男性的生理身份。我很恨自己的男儿身。很多次我都想到了去死,真的,我想快点投胎,下辈子做个女孩。你听我这么说肯定会觉得可笑吧?但是我真的是这么想的,无数次,我都是这么想的,整日整夜都认真地考虑这个问题。不过,还没等我想明白,我就大病了一场,成了现在这个样子。我现在病得很严重,也不知道能活上几年,这辈子是真的没什么希望了。我只愿下辈子上天别再跟我开玩笑,能给我个女孩的躯体,让我做本来的自己。"

【现象】

# 变性人、人妖……我的性别听我的

说到变性人，我们先来介绍一位老爷子。这位老爷子是个书法家，前两年提交了变性申请。那么，在他提交变性申请的时候，他有多大岁数呢？80岁！

老爷子的意思是，自己虽是男儿身，但实际上是个女娇娥。只是因为身处社会，不得不考虑很多因素，尤其他还有妻子儿女。直到80岁的时候，他下定了决心，并且认为自己各个方面条件都已经成熟了。这个时候，真正地可以说年龄不是问题、流言不足为惧啊，别的都不管了，他一心只想变成女人。

他认为过去的80年真正的自己一直被尘封着，自己真正的那个女性的灵魂必须时时警醒，不能轻易露面。他只能"装"出男性的样子，以配合他这男人的躯体。他认为，在人生最后的这段时间，他终于做好了准备，将真正的自己展示到众人面前来。他吃激素、隆胸、化妆、穿裙子，准备像所有女性一样生活。

我想也许这老爷子想的是，虽然没有作为女人出生，没有作为女人活着，但至少要以女人的身份走完生命最后的旅程。

很多人可能会完全不理解。为什么活到这么大岁数了，还得去折腾，非得要变性呢？不能就这么安安稳稳地过完这辈子吗？

我记得我对于变性的案例的最初印象源于小时候看到的一篇报道，说是一个女模变性成为男人，并且成为了一个男同性恋。当时我也很不理解，觉得这有什么区别吗？事实上，区别大了。

近年来，咱们流行这么一个词，叫作"追求自我"。也就是说，从心理上进行自我认同。自我认同包括很多方面，其中一点就是性别角色的认同。常人都会对自己的生理性别进行认同，而易性癖患者的认同则完全相反。比如，上面这老爷子，他对自己的性别认同就是一个女人。而后面这位女模，她认为自己就是一个男同性恋者。如果这种心理认同不能改变，那么

他们就会将身体改变以适应自己的心理状态,也就是会采用变性的手段。

对于易性癖患者,他们每天面对自己的时候,想的是:"这不是我,我不该是这样的。"你是不是每天也一万遍地纠结:"这不是我,我的生活不该是这样的。"但是相信我,他们比你痛苦一万倍。

因此,我认为变性人是非常值得尊重的。他们按照自己的意愿选择自己的性别,过自己想要的生活,这需要很大的勇气和很大的牺牲。他们要面临社会、家人甚至是自我的拷问和质疑,尽管他们并没有伤害到任何人。他们坚持去追求自己的梦想,非常令人钦佩。试想,普通人中又有几个敢于抛下一切去追梦呢?

另外,在同性恋中,其实有很多性身份识别障碍患者,但是,其中很多都是双重角色异装症患者。比如,女同性恋中,扮演男性角色的一方往往喜欢身着男性或者中性服装,以暂时获得男性的身份。但是,她们大多数并不否认自己的女性身份,心理上也往往有着女性特有的细腻、敏感等特点。

说到这些,大家可能会想到一个词,那就是"人妖"。人妖可谓是处在男女之间的典型一类。人妖是很有争议的一个群体,一方面,人们用这个词来骂人,讥讽一些男士不男不女;另一方面,人们也被网络上人妖们美艳的照片惊呆了。

那么,人妖是否属于我们说的这些情况呢?

以泰国人妖为例,各种人妖皇后层出不穷,大多数都比真正的女人还要美丽。但是,他们往往并不是在自愿的情况下成为人妖的,而是很小的时候就被送往培养人妖的机构。他们要服用雌性激素,学习各种才艺表演,再长大一些还要做一些身体改造的手术。

这种情况下,人妖们并不能被界定为患有易性癖等。但是,在这样扭曲的生活中,他们的心理已经因外在环境而发生了改变。有的干脆做变性手术,有的继续进行表演,各自选择不同的生活。

在外貌上,他们是女性;在实质上,他们是男性;在法律上,他们是男性。在人们的心里,对他们的定位各不相同,但是一般都认为他们非男非女。在这种情况下,他们的心里对自身的性别角色出现认同障碍也就不足为奇了。

## 【解答】性身份识别障碍的心理原因

造成性身份识别障碍有心理原因也有生理原因。在这里，我们只讨论心理原因。

人在出生的时候，就会带有明显的性别特征，所以，父母才能在孩子一出生的时候就亢奋地大喊："是男孩！""是女孩！"不过我得说，兴奋的父母们，你们太天真了。你们以为你们看到的就是你的孩子的性别吗？大错特错！那只是你孩子的生理性别，而他们的心理性别，完全在于你们的引导！

通常，孩子在两岁左右开始有了性别意识，到了三四岁的时候就已经能够判断自己或者别人的性别。也就是说，从不到两岁的时候开始，父母们就应该对孩子做出正确的性别引导了，否则孩子就有可能对于自己的性角色认知出现问题！

我们可以来看一个简单的例子。

这是个小男孩的故事。他父母给他起了一个极其男性化而且富有深意的大名，我们就不透露这个名字了。不过，同时，他们也给他起了一个很女性化的乳名，叫"囡囡"。

为什么起这么个乳名呢？因为这家的奶奶生了四个孩子，都是儿子，始终没能生个女儿。这四个儿子长大后呢，三个哥哥家里生的也都是儿子。这可把老太太急坏了，就想要个小女孩，希望能好好疼爱，结果呢，小儿子结婚后生的还是儿子。老太太虽然也喜欢这个孙子，不过还是觉得失望。正好呢，老太太的这个小儿媳，也就是这位新妈妈，也非常想要生一个女孩，希望能每天把女儿打扮得漂漂亮亮的。于是，两个人一拍即合，完全无视了爸爸的意见，开始了给小男婴扎小辫、穿裙子、买洋娃娃的"不归路"。

不仅如此，她们还很喜欢逗弄小男孩："你是男生还是女生啊？""你看你穿裙子，你是小女生。"你可别觉得这是开玩笑，对于一片空白的孩子来说，他们会记住你告诉他们的一切。于是，小男孩在这样的环境下，

坚定了自己"是女生"的信念,对于自己男性化的外表、男性化的性征、男性化的名字以及男性化的一切都十分不满,对外坚称自己是女孩,给自己起了一个女性味十足的名字,并且在成年后有强烈的想要变性的念头。

在这个案例中,我们能够发现两个问题:一是家长们给孩子营造了一个性别错乱的环境,让孩子从小就对自己的性别有了完全错误的认知;二是父亲在家中缺乏威严,没有能够让男孩在成长的过程中将对母亲的依恋转换成对父亲的崇拜,从而获得男性性别的强化。

也就是说,在孩子出生后,父母们就应该为他们营造一个良好的、符合其生理性别的成长环境,对孩子进行正确的性别引导,为他们营造一个符合社会对于性别普遍认知的生活环境。父母们要通过语言、动作等多方面对孩子进行性别引导。

另外,父母也应该扮演好自己在家庭中的角色。母亲应该表现出温柔的一面,父亲则应该表现出自己有担当的一面,两人的关系应该是平等而和谐的。当孩子认同自己的性别后,就会选择父母中与自己性别相同的一个进行模仿和学习。因此,如果父母中与孩子同性别的那一方没能发挥好自己的榜样作用,那么就可能让孩子放弃,转而模仿另一方。这也可能造成孩子的性身份识别障碍。

那么,是不是孩子在过了三四岁这个阶段,性别认知就可以固定下来了呢?事实上,这个问题一直到青春期都应该注意。

如果孩子出现了性身份识别障碍,家长不要马上慌乱。首先应该仔细观察孩子的行为,及时发现其异性化的方面,并反思自己过去有哪些对于孩子的性别塑造产生了不良影响的地方;对于孩子现有的状态应该表示理解,让他们知道自己的父母愿意陪伴自己并且帮助自己渡过心理上的难关。

如果孩子对于自身的性别认知已经成熟,那么父母们应该尽量表示理解和支持,保持良好的亲子关系,并在适当的时机予以引导。

**【生存法则】**

# 4种效应助你避免性身份识别障碍

### 1. 角色效应

在社会生活中，人们各自拥有自身的社会角色，不同的角色引发的不同心理变化，便称为"角色效应"。人的角色往往是为了回应他人和社会对自己的期待而形成和发展的。

比如，一个女孩生长的家庭环境是非常喜欢男孩的，父母也总是把她当成男孩子来对待，那么，为了回应父母，她会逐渐倾向于扮演男孩的角色，以符合父母心中对她的角色期待。而在长大之后，她又要扮演女性的社会角色。在两种不同的角色之间摇摆，她就很有可能出现性身份识别障碍。

对于性身份识别障碍患者而言，最重要的就是确认自己的性别角色。从生理到心理去接受自己的性别。社会上对于男女两性有较为明显的角色分配，如一般认为女性应该温柔可爱、漂亮整洁、比较感性，而男性则应该勇敢果决、健壮有力、比较理性。个人不必完全按照社会上对于两性角色的普遍认知来改变自己，但是可以以此为参考依据，以便对自己的性别角色产生认同。

### 2. 罗森塔尔效应

前面我们介绍过皮格马利翁效应，这里我们要介绍的罗森塔尔效应与其有类似之处，但是并不完全相同。

有这么一个实验。心理学家们到一所小学中进行所谓的"预测未来发展的测验"，并且将所挑选出的"最有发展前景的"学生名单交给老师。实际上呢？这份名单是随机拟定的，名单上的学生也都是很普通的学生。但是，由于这是一份"权威性"的测试结果，因此教师们对此深信不疑，并对名单上的学生怀有特殊的期待心理。在几个月之后，再次测验时，这些榜上有名的学生的成绩都有所提高，教师对他们也都给予了较高的综合评

价。这就是罗森塔尔效应。

他人对性身份识别障碍患者会产生一定的性别期望,在这种期望的潜移默化的影响下,性身份识别障碍患者自身为了迎合外在期望会改变自己的心理和行为。

例如,一位外表男性化的女孩,虽然其他人知道她是女生,但是由于其外表酷似男生,于是也总是对她抱有男性的期望。例如,让她帮忙搬运货物或者修理电脑。那么,他人对她的这种男性化的期望,也使得该女生自己在做一些普遍是男性在做的事情的时候感到理所应当,并且在对自己性别的认知上会偏向男性。

身份识别障碍患者要克服外在的期望,坚信自己对性别的定位是唯一的、确定的,并不会被他人的意志改变,因此,自己不必迎合他人期望。

### 3. 名片效应

名片效应指的是,如果在社交中表明自己和对方有相同的态度或者价值观,那么就相当于向对方递交了一张名片,表明了你和他站在同样的立场上,可以让你们迅速地缩小彼此的心理距离,双方关系也可以迅速发展。

对于很多性身份识别障碍患者来说,他们自身与本人的生理性别完全不符合的穿着打扮、性格态度、为人处世等就是他们的性别名片。比如,一个女生可能理着毛寸,束胸,穿着宽大的球衣活跃在球场上,为人爽朗,豪放不羁。同样,一个男生可能留着长发,穿着裙子,文静优雅,慢条斯理,细声细气。只要看到他们的穿着和表现,人们便马上认识到他们有性身份识别障碍,并对他们产生相应的期望。

所以,性身份识别障碍患者如果想要认同自己的生理性别,首先要从外貌上改变自己,收回自己错位的性别名片,进而对自己的生理性别进行认同。

### 4. 罗密欧与朱丽叶效应

罗密欧与朱丽叶效应和前面所说的禁果效应类似,但是其更加强调的是恋爱关系中出现的效应。罗密欧与朱丽叶深深相爱,可是他们家族却是世仇。他们的爱情注定要遭到双方家族的极力反对。然而,在重重阻碍下,他们的爱情非但没有褪色反而更加坚固,并最终为了对方而死,成就了完美的爱情。罗密欧与朱丽叶效应指的就是当爱情面对强大的外部阻力的时候,双方的感情反而会更加坚定。

对于性身份识别障碍患者,尤其是易性癖患者而言,世俗对于他们的爱情怀有偏见并缺乏包容,这种情况很有可能会激发双方继续走下去的决心。而在这种情况下,性身份识别障碍患者会更加努力地扮演好自身的心理性别角色,以期和自己的伴侣更加长久地走下去。

罗密欧与朱丽叶效应反过来也可以帮助性身份识别障碍患者重新审视自己的生理性别。在爱情受到家人或者社会的阻力的时候,两个人是否还能够坚贞不渝?是否能够相互包容爱护?是否能够完全接受这错位的性别?这都是在面临阻力的时候会遇到的问题。在这个时候,性身份识别障碍患者应当重新审视自己的生理性别和心理性别的不协调之处。

## 第十章

我听到上帝的呼唤——

# 精神分裂症

**【精神病自测】**

## 看看你的精神分裂到了什么程度？

请你找一处安静的地方，回忆自己最近一个月的情形，根据实际回答下面问题。

1. 你是否反复出现幻听现象？
2. 你是否感到自己思维松弛、破裂、减少或者内容贫乏？
3. 你是否感到自己的思想被他人控制？
4. 你是否感到自己的思想会被他人窥视？
5. 你是否产生妄想？
6. 你是否语言不连贯、逻辑错乱？
7. 你是否感情淡薄？
8. 你是否行为怪异？
9. 你是否出现社交困难？
10. 你是否意志减退？

以上10个问题中，如果你的回答有2个以上为"是"，那么你可能有精神分裂倾向；如果你的回答有4个以上为"是"，那么你很有可能患有精神分裂症，建议到专业机构做一下鉴定。

精神分裂往往是在受到了巨大的压力的情况下导致精神崩溃而形成的。这会让人迅速地失去自我，精神失常，无法回到正常的生活中，还会给身边的人带来很大的痛苦。

# 【问题】精神分裂症的三大典型特征

要是有人骂道:"你精神病啊?"他八成的意思是:"你是精神分裂吗?"精神分裂症的病症如此有特点,以至于曾经在很多人的认知里,精神分裂就等同于精神病。

人们往往也会"害怕"精神分裂症患者,认为他们思维癫狂、举止诡异,生活在自己的世界中,我们无法与之正常交流,更无法预测他们之后可能会做出的举动。于是,精神分裂症成为了令正常人恐惧的问题,精神分裂症患者成了让正常人避之唯恐不及的群体。那么,你了解精神分裂症吗?

精神分裂症是比较严重的、典型的精神疾病,患者往往会出现涉及感知、思维、情感、行为、认知等多方面的障碍。精神分裂症患者有三大典型特征,不过它们并不是同时出现的,这三点就是——逻辑混乱、幻想、妄想。

精神分裂症患者往往逻辑混乱,说出的话常常从一个话题突然跳跃到另一个话题,或者干脆就是无意义的语句的组合,有的时候忽然又停止了,突然开始说一些另外的话题。比如,一个精神病患者说:"茶凉了。蚂蚁走了。我肩膀里面有个……燕子,跑,吃饭。"让人很难明白他要表达的意思,这是因为他们的思维常会破裂或者中断。

一些精神分裂症患者有自己独特的一套逻辑,自己独特的语言、动作,甚至还有自己独特的文字和符号。这些都是他们自创的,有他们独特的含义。这样,他们就完全活在自己的世界里,而治疗者则需要长时间的观察才有可能窥视他们的世界。

比如,一个患者,常年站在院子里,身体笔直,一动不动,晴天下雨都不例外。后来,有位治疗者也一样不论刮风下雨都站在他旁边。很久之后,患者问:"你站在这里干什么呢?"治疗者反问:"你站在这里干什么呢?"患者答:"因为我是一棵树!"这个逻辑实在是让人哭笑不得。

但是治疗者终于明白了患者的行为的独特含义，并且回答："我也是一棵树！"于是，两棵"树"交流起来，治疗者终于慢慢走进了患者的精神世界。

精神分裂症患者很容易出现幻觉，但是，患者却不会认为那是幻觉，而是认为那是真实的世界。就幻听而言，患者常常感觉到脑子里有另外一个声音在跟他说话，比如上帝在跟他讲话或者是另外什么人在喋喋不休。这些声音可能会指示他进行一系列的活动，如让他去跑步、绘画、晾晒物品等，也可能是让他偷盗甚至杀人等。如果患者不照做，那个声音就不会消失。所以，他们只好按照"那个声音"所说的去做。患者还可能会出现幻视，比如在患者眼前有一个白马王子，她很高兴地与这个白马王子翩翩起舞，自得其乐；而在旁人看来，患者就是在和一个不存在的人跳舞，场面诡异，令人毛骨悚然。患者还可能会出现各种各样的幻觉。

精神分裂症的另一大特征就是妄想。比如，被害妄想：有人在跟踪我、监视我，他们想要杀了我！关系妄想：走在路上，所有的人都在看我，对我指指点点，国家的政策都是为了限制我，美国人的言论都是在针对我！钟情妄想：我知道你一直都是喜欢我的，不要否认了，我知道你做的一切都是为了我！嫉妒妄想：你为什么看那个女人，你们两个是不是有一腿？如此等等。

外国有这么一个女子，她就有着严重的嫉妒妄想，她不允许自己的未婚夫和任何其他女人说话，不能看她们，不能看带女人图片的杂志，不能看有女人出现的电视节目，每天回来要对他进行全面搜身和测谎……不过，她的未婚夫对这一切甘之如饴，最终向她求婚。这还真是螺丝钉遇上了螺丝帽，俩人绝配了。

精神分裂症患者还可能会感情冷漠，行为与环境不协调，缺乏兴趣，行为怪异，并且坚决否认自己有病，坚持认为自己的一切表现都是正常的。

精神分裂症最常见的是偏执型分裂症，这一类患者会出现稳定的幻觉或者妄想。他们用幻觉或者妄想给自己构造出一个完全不同的世界，在那个世界中有他们自己的逻辑和规则，并且他们住在其中不肯出来，坚持认为那个世界才是真实的。他们可能看到天上有飞机，就认为自己要死了；自己想了件事情，就觉得全世界的人都知道了；觉得自己不能控制自己的身体了，自己的一切行为都是被另一个无形的力量控制的……

为什么会出现精神分裂呢？目前推测可能有以下原因：

一是患者本身就是易感素质。也就是说，自身往往孤僻、敏感、多疑、脆弱等，这些特征让他们比其他人更容易得精神分裂症。

二是外在的不良刺激。比如，失业、失恋、失去家人、不公平遭遇、社交失败等，都可能是导致精神分裂的诱因。

三是生物学因素。例如，从神经生物学角度来说，患者可能会有多种神经递质功能异常，或者存在神经系统或脑组织的发育缺陷。还可能是遗传因素，如果一个人患有精神分裂症，那么很有可能他携带相关基因，而他的家人也可能携带相关基因，所以他的家人的患病率也会较高。

## 我的孩子呢?

眼前的小男孩一脸为难地看着我:"你得离我远一点。不然,它要是出来就会咬到你了。我不想让它咬到你。可是,它在我的肚子里吸溜吸溜地吃我的肠子。我好疼,好疼!"

"是什么?什么要出来了?"

小男孩蹙着眉头,好像真的很疼的样子,两只手努力地比画着,"它是个怪兽,头上有角,嘴有这么大,最喜欢吸溜吸溜地吃人的肠子。它就在我的肚子里,每天都在吃,好疼啊。它想出来,可是我不能让它出来,它会吃别人的肠子的。"

小男孩额头上都是汗,显然真的很疼。他捂着肚子,好不容易表情才轻松了一些:"它吃饱了,睡着了。今天我也没有让它出来。"说着,便一脸骄傲。

"你可真棒。"我由衷地赞叹道。很少见到哪个精神分裂症患者会为别人着想,即使那个怪兽并不存在,他却依旧为了保护别人而在做着艰难的斗争。而他只是一个小男孩,那么那么小。

"谢谢姐姐。"这一句姐姐叫得我心花怒放。"姐姐,你能不能教我怎么急救?"他的神色黯淡下去,"我妈妈快要死了。"

我于是教给他简单的心脏复苏术。他高兴极了,一口一个姐姐,两手对着口中比画,认真地练习。

我正感到欣慰,他却忽然扑到床边的空地上,好像那里有人一样,抱着什么拼命摇晃:"妈妈!妈妈!你不要死!妈妈!"他马上按我说的做心脏复苏:"不对!不对!为什么不管用!为什么妈妈还是死了!"他尖叫一声,开始撕咬自己的手臂,"我的血就是药!妈妈等着我!我把药给你!"

我已经控制不住,只好把接下来的事情交给医生。

这个男孩亲眼看到母亲死亡的样子,母亲垂死挣扎的痛苦模样深深印在他的脑海。他开始经常出现幻觉,看到母亲死前的一幕,总是想要去救她却每次都失败。后来，他认为自己的血就是药，用任何尖锐的东西割腕，找不到的话就用嘴撕咬手臂。再后来，他又有了新的幻觉，觉得自己的肚子里有一个怪兽，每天在自己的肚子里肆虐，啃噬自己的内脏，经常疼得冒汗，却从不喊疼。

何医生看着我："说要学习急救的方法，这还是他第一次。你怎么也不问问我，就直接教给他了？万一他出现新的幻觉怎么办？"

我咬着嘴唇辩解："要是在他的幻觉里能救醒妈妈，从此两个人一起幸福生活，不也是挺好的吗？可惜他的妈妈还是'死'了。"

何医生瞪了我一眼。我赶紧噤声。我知道这孩子必须得接受妈妈已经去世的事实才能慢慢好起来。这对他来说是不是太过残忍了呢？

我想起了另外一个人，一个住在附近小区的得了精神分裂症的中年男子，每天到了午夜时分就会大喊大叫："不是我的错！不要杀我！"一会儿又呜呜哭起来："是恶魔！是恶魔指使我的！"

说他的话，要先说一个女孩小和。小和的照片我看过，长得古灵精怪，一看就是当谐星的料。不过，小和的命运相当坎坷，比任何八点档的狗血剧都曲折。

小和原本是个孤儿，被一对好心的夫妻收养了。结果，她十七岁的时候，人生的一个打击来了，不到半年的时间里，养父母先后去世了。按照养父母的遗愿，她开始了寻找亲生父母的旅程。本来没抱什么希望，没想到还真给找到了。

不过一家团圆的时刻有那么一点诡异。父亲，母亲，还有一个15岁的弟弟，都是说不出来的感觉。尤其是父亲，似乎在冷冷地打量着自己。

然后，就在当天，人生的打击接二连三地来了。

"当初我就怀疑你不是我的孩子，才把你扔了的！没想到啊，十几年过去了，你居然还能找上门来。既然如此，那你也就不能怪我了！"

父亲扔下这段话，提上裤子走开了，遍体鳞伤、满是屈辱的小和瘫在地上一动不动，满身血污。而当时她的母亲被父亲堵着嘴绑在床上。

5分钟之后，15岁的弟弟进来了，重复了自己父亲所做的事情……

午夜，小和终于有了点力气，从窗子跳了出去……

DNA验证的结果显示，小和确实是父亲亲生的女儿！

父亲当场瘫坐在地上，反反复复确认，一会儿哭一会儿怒，大喊着："恶魔！别来指挥我！"在午夜时分，他的脑海中出现小和来找他索命的幻觉，他又大喊大叫，哭闹不已。

【现象】

## 过劳族、周末哭泣族……巨大的压力让你分裂了吗

每天工作10小时以上，加班到半夜，没有节假日，三餐不固定，吃饭靠外卖，睡眠没多少，躺下睡不着，生活紧绷绷……这样的生活，简直是辛苦到没朋友。

这比鸡起得早、比狗睡得晚、比猪吃得差、比驴干得多的生活，就是过劳族的日常生活。

所谓"过劳族"，就是这种每天过度工作、随时准备过劳死的一族。这么说可绝对不是开玩笑。白领加班猝死已经不是什么新闻了。网友们还总结出了最容易"过劳死"的几大职业，会计、程序员、公关人员、网编、广告人、网店店主、网络写手、模特、演员、警察、医生、青年教师等纷纷上榜。乍一看去，这简直让人没了活路啊，干什么都是"过劳死"的节奏。你还真别说，在北上广深，有百分之八十的人都是过劳族，容易身心俱疲，一不小心可能身体或者心理就出了问题。

过劳族的疲惫是由身体到心理，再由心理传送到身体。从身体上来说，过劳族很容易染上职业病，颈椎病、肩周炎、腰椎劳损、骨质增生……要是没有这些病，你都不好意思说自己是个白领。除了这些之外，心脏病、高血压、低血糖、肠胃炎、胰腺炎、胆囊炎等几乎也是如影随形。最重要的是，长此以往很容易引起心脑血管疾病突发，造成猝死。健康问题让白领们压力巨大。

不过，他们的精神压力更大。高强度、长时间的工作会让人体力透支、神经紧张、精神疲乏、心慌烦躁、失眠多梦、神经衰弱等，让人每天都生活得很累很疲倦。在这样日复一日、年复一年的辛劳中，人会忽然发现，我这么辛苦，每天任劳任怨地工作，不能陪父母家人，不能享受生活，整天提心吊胆，还要应付各种钩心斗角，到底是为了什么？生活似乎突然失去了意义，人只是机械地活着、机械地工作着。这样很容易引发心理问题，严重的话有可能会导致精神分裂。而这些心理问题则会如实地反映在身体上，失眠、神经衰弱、紧张疲惫等都会让身体的耗损增加，陷入恶性

循环之中。所谓"积劳成疾"正是如此。

但是,要想结束这种生活也是很难的,至少很多人从主观上是不愿意的。比如,一位李小姐说:"大家都是好不容易才挤进这个城市,拼进这家公司,无非就是想要混出个名堂来。因此,即便明知道过劳的坏处,我们也不得不继续这样生活。如果你停下来,你的位置马上就会被顶掉。如果你离开,将证明你一事无成,你多年的努力就这样打了水漂。所以,我们大家都只能拼命鞭打着自己,咬着牙奋战,自我催眠说明天会更好。"

也正是因为有这样巨大的压力,才会出现"周末哭泣族"。如名字所言,就是在平时上班积累了压力之后,在周末的时候哭出来,用这种方式发泄压力。平时,你可能是铁铮铮的汉子,是一丝不苟的纯爷们,是恩威并重的领导,是冷艳高贵的女上司,是文思泉涌的才子,是性感迷人的女神,是文静温柔的淑女……不过在周末,你可以卸下所有的身份,只是做一个哭泣者,把你的压力大声哭出来。

最开始的时候,人们喜欢去哭吧,一个专门让人哭的地方。现在,人们更喜欢在家里哭泣。实际上,可能只是电视上的一个镜头,网页里的一个新闻,甚至一条广告,都会让你号啕大哭,无法自已。其实那些东西都和你没关系,你只是需要一个理由让自己哭泣而已。

平时伪装自己做强者,周末的时候卸下伪装还原自己,做一个莫名哭泣的傻瓜。周而复始。这样会不会让你有那么一瞬间很迷茫:自己到底在做什么?哪个才是真的我?有时候甚至会让人一头钻进牛角尖里出不来。这样的话,是很容易造成心理问题的。因此,在排解压力的同时,也一定要注意自我认同和身份转换,以免给自己带来更多的负面影响。

【解答】

# 精神分裂的生存出路：家庭支持

精神分裂症患者往往思维混乱，无法进行自我调节，所以需要更多的外部干预和专业的心理治疗。

首先，家属需要尽最大努力参与到治疗中去。家属应当学习有关精神分裂症的相关知识，了解发病原因，全面了解治疗过程，并且要学习如何在日常生活中对患者进行心理指导和病理教育，要学会用正确的方式跟患者进行沟通，要学会如何不刺激患者，要学会处理应急情况，要学会解决由患者的治疗引发的家庭问题等等，最终达到协助和支持患者治疗的目的，让患者的精神功能得以改善，生活逐渐走上正轨。

同时，家属也应该接受一定的心理治疗。作为精神分裂症患者的家属，长期与患者接触并且协助其进行治疗、照顾其日常生活，家庭负担较重，家庭出现纠纷的概率很大。同时，家属自身还有自己的社会身份，学习工作等压力也很大，一旦所有压力集中作用在家属身上，那么，他们也很有可能因为承受不住而濒临崩溃。因此，家属一定要注意自己的心理健康。

家人的支持虽然必不可少，但是专业的治疗师更加重要。好的治疗师会根据患者的情况，与患者建立长期稳定的支持关系，不时地给他们建议和帮助。治疗师会为患者制定治疗计划并且按照阶段完成，纠正他们的行为，进行心理辅导和药物治疗等。这些对于患者的康复十分重要。

精神分裂症患者虽然往往思维混乱，很难正常与人进行交流，但是往往对音乐、舞蹈、绘画等充满了兴趣，并且会做出愉悦反应。家属可以让患者多听一些欢快积极的音乐，让患者观赏舞蹈或者绘画等他们喜爱的艺术形式，以激发他们的正面情绪。患者也可以通过对这些艺术形式的接触，逐步建立与现实世界的联系。

同时，家属还可以根据患者从前的爱好，引导他的活动。比如，带他做一些喜欢的运动。另外，让患者参加一些劳动也是有必要的，如除草之类。在劳动中，精神分裂症患者为了完成工作，一定要组织出一定的条理，这对于他们的恢复很有好处。对于病情比较稳定、保留了一定理解能

力的患者，还可以组织起来，进行集体治疗，其间可以采用讲课、谈心、游戏、教育、治疗等多种方式。集体治疗的好处是，可以有效地提升患者的社交能力，为患者未来重新适应社会做好准备，而且患者之间也可以互助互惠、相互支持。

# 3个方法助你完爆精神分裂

### 1. 心理摆效应

你见过钟摆吗？钟摆就是在两极间来回摇晃，而最高点和最低点相差甚远，它就在两极和这些高低不同的点之间来来回回。心理摆也是同样的道理。在受到刺激之后，人的感情也就像钟摆那样，在一定范围内，在两极和不同维度来回奔波，摇摇晃晃。例如，在同样的一件事情过后，你的情绪可能变得不稳定，在愤怒、焦躁、不安、悲伤、自卑等不同情感中来来回回。而同时，在人的感情所处维度越高的时候，也就越容易转化成极端相反的情感。比如，在经过一次非常愉快的大笑之后，你会突然觉得空虚落寞，孤独感袭来。这就是因为你开心的感情维度太高了，因此出现了极端相反的情绪。

幻觉、妄想，常常使精神分裂症患者的情绪从一个极点滑到另一个极点。精神分裂症患者需要在他人或者药物的帮助下稳定情绪，保持平稳的心态，让自己从过去痛苦记忆的桎梏中解脱出来。

### 2. 替换定律

当我们有不好的情绪或者记忆的时候，我们是不能消除它们的。我们唯一能做的，就是用新的情绪或者记忆去替换它们，这便是替换定律。比如，我们现在感到十分悲伤，尽管我们自己想要停止，但是事实上我们不能命令悲伤的情绪消失，不能就这样抹去它们。我们可以想一些快乐的事情，和他人谈论一些其他的事情，或者投入到某项工作中去。渐渐地，悲伤的情绪就会被其他的情绪所替换了。这也就是我们平时所说的"转换心情"。

在拥有了一些不愉快的记忆的时候也是如此。你不能让你的记忆凭空消失，但是你可以拥有新的愉快的记忆。当新的记忆覆盖到旧的上面的时候，你会发现，曾经的伤痛如今已经好了大半了。

精神分裂症患者最大的问题就在于不懂得梳理自己的情绪和记忆，让自

己的思维钻进一个牛角尖中,无法自拔。这个时候,就该让替换定律大显身手了。用新的情绪和新的记忆去代替旧的,让自己不要纠结在一个死结中。

3. 惯性定律

惯性定律指的是,任何方面,不管你是有意还是无意的,也不管你是出于什么样的初衷或者带着什么样的目的,只要你能够不断地去加强它,它就会变成你的一种习惯。

比如,你早上起不来床,闹铃响了,你把闹铃一按继续蒙头大睡。时间一长,由于你对早上起床这件事情的负面强化,那么赖床对你就变成了你的一种惯性。所以有的时候你会发现,即使你已经醒了,你也知道自己有很多事情要做,但是就是要再赖一会儿,然后和平常一样慌慌张张起床。

对于精神分裂症患者而言,将一些正面的部分逐渐强化并且形成良好的习惯是十分必要的。比如,你经常微笑,那么时间久了,微笑就会成为你的惯性;你尽量去做正面的思考,那么时间久了,你也就会变得积极。诸如此类。

## 第十一章

### 我和我的灵魂们——

# 人格分裂

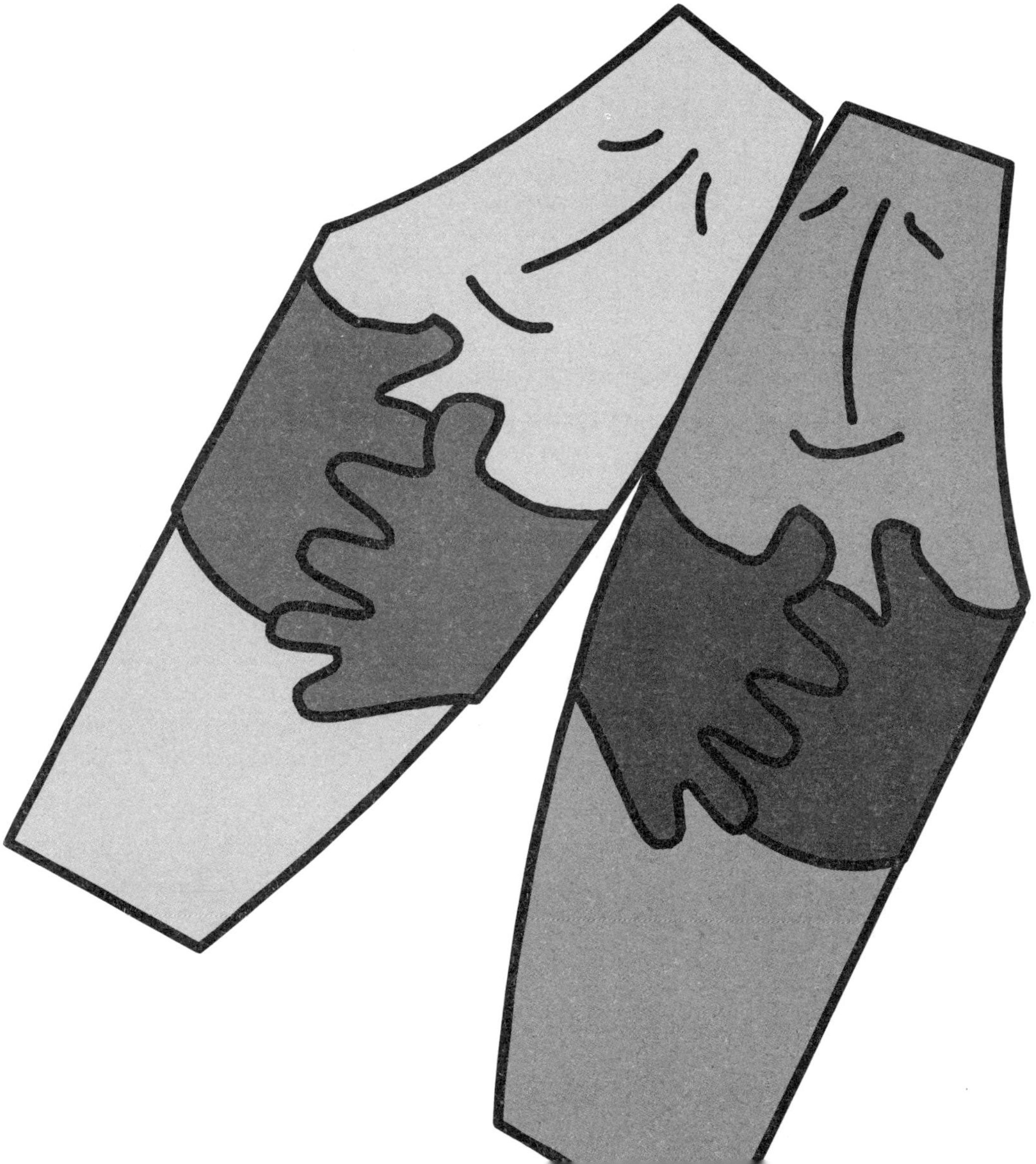

【精神病自测】

## 看看给TA的多重人格打几分

请你找一处安静的地方，回忆你最近观察到的情形，根据实际回答下面问题。

1. 此人是否丧失了统一感？
2. 此人是否有选择性注意倾向？
3. 此人是否改变身份，并对此并无察觉？
4. 此人是否易受到暗示？
5. 此人是否对于周围环境缺乏观察？
6. 此人是否并非在自己的意愿下变换人格？
7. 此人是否并无幻觉、妄想等症状？

以上7个问题中，如果你的回答有3个以上为"是"，那么此人可能有多重人格倾向；如果你的回答有5个以上为"是"，那么此人很有可能患有多重人格障碍，建议到专业机构做一下鉴定。

# 人格&多重人格

我们俗称的"多重人格"也叫作"分离性身份识别障碍"。在了解多重人格之前，我们首先要来了解一下"人格"这个概念。

人格，基本上等同于"个性"，包括你的性格和气质，是你长期稳定的心理特征和行为模式，是你区别于他人的特征。人格，就是你的心理名片，是你最独一无二之处。因此，有的人将人格约等于灵魂。在某些法律上，也视一个人的不同的人格为不同的个体。

有一个英国女画家，拥有12个人格，她们全都擅长画画，但是画风各不相同。在一场艺术比赛上，她甚至被允许让其中5个不同的人格同时以不同的身份来参加比赛。

人格不仅是独特的，而且是相对稳定的，也是多种方面组合的统一体。不同的人格在面临同一问题的时候会发挥不同的作用。

例如，三个同样是单亲家庭的孩子，一个想："婚姻不可靠，总归是失败的。"另一个想："以后我一定要对我的妻子好一点，不能让她伤心，尤其不能让我的孩子也遭受这种痛苦。"还有一个想："原来婚姻是这样的，那么以后我也这样做。"这就是不同的人格在面对相同问题的时候所做出的不同选择和不同思考。

人格可不是某种细碎的东西，它是有组织有系统的，不断根据人的经历和经验慢慢变化调整着，在稳定中前进着，并且通过一个人的情感表达、思维方式、举手投足、为人处世等各个方面表现出来。正因为如此，你儿时的好友，过了好多年没见，外貌上变化了很多，性格爱好也有些不同，但是你还是能在人群中发现TA："你不是……变化可真大，差点儿认不出

来了!"

可以说,你之所以是你,正是因为你拥有了独特的人格。你的人格应该是唯一的、稳定的、动态的。

而我们现在要讨论的多重人格患者的情况则非常特殊。在一个人的身上,竟然存在多重人格。你看到的是TA,实际上却是TA们。

他们是一出生就是那样的吗?事实上,并不是的。多重人格患者和我们一样,在出生之后,会在先天基因和后天环境的影响下逐渐形成自己的人格,称为"主人格"。在那之后,他们在不自知的情况下分裂出了其他的人格,这些称为"后继人格"。

多重人格患者往往受到了严重的精神创伤,在自身无法消化的时候,才"创造"了其他人格。因此,这其实是自我保护的一种方式。但是,主人格往往并不知道自己"创造"出了"别人",只是将痛苦转移之后,就忘记了这段过往,将其埋葬尘封,继续过着以往的生活。而后继人格则储存了这段记忆和情绪,帮助主人格处理这些让其难以面对的问题。

虽然主人格往往并不知道后继人格的存在,但是后继人格一般都对主人格了如指掌,而如果有多个后继人格的话,他们往往会相互知道彼此的存在,并且可能会交流信息。

多重人格的后继人格既然都是独立的,那么也就能够独自控制身体。在特定的场合下,合适的人格就会自动"浮出水面",接手身体。

比如,某人本身是一个怯懦的人,他有三个不同的人格:保护者A,保护所有人格的安全,遇到危险的时候就会出现;工作狂B,在他工作遇到困难的时候就会出现;风月高手C,翩翩公子,充满了魅力,在遇到美女的时候就会出现;其他时间则交给主人格自己。

也许你会想,那是不是主人格只要创造出各个人格,在适合的时间让他们出现就可以了呢?别以为这是领导在给下属分配工作。每个人格都有对身体控制权的渴望,他们可不会那么老老实实地听话。有的人格为了争夺身体的控制权会对主人格充满敌意,甚至会故意捣乱。有时候也会突然接手身体,让人措手不及。

一旦主人格意识到自己的情况,就应该和其他人格多多沟通,消灭"内部矛盾",同时参与其他人格的信息共享。对于身体的控制权,要和其他人格达成协议,有"交接"过程,而不是谁想要出现的时候就随便出现,甚至出现几个人格轮番上阵的现象,那样会造成人格混乱。

## 【案例】24重人格

卡梅伦·韦斯特在自己撰写的《24重人格》中记录了自己多年的多重人格病史,这里我们简单给大家介绍一下。

最初的时候,卡梅伦上班时身体不是很好,经过一段时间的治愈,他的身体情况有了很大的改善,与此同时,他也出现了一些不寻常的状况。

比如,有时候他会觉得不知道自己身在何方。而一个四岁的小男孩却占领了他的身体,把自己关进柜子里,还会画一些血淋淋的图画。后来,他的妻子发现不妥,让卡梅伦去看心理医生,这才发现了他有多重人格。在几次治疗后发现,他的人格竟然多达24个!

他的人格中有抑郁的小男孩、性格不同的双胞胎女孩、精力旺盛的情场浪子、工作能力很强的青年、害羞的青春期女孩、阳光少年,甚至还有非人类角色……实在是一个超级庞大的"家庭",他们时常会在卡梅伦内心构筑的休息室里聚会和交流。他们和卡梅伦的妻子和儿子一起生活。

那么,为什么卡梅伦会出现如此多的人格呢?

医生建议他去探寻一下儿时的经历。他打电话给自己的亲戚,说:"我想了解一下我小时候的事情。"这位亲戚沉吟了一下,直接回答:"据我所知,你的家中并没有任何乱伦事件。"

卡梅伦当时就震惊了,自己还什么都没问,对方就直接这样开口了。后面的真相岂不是更加不得了!

卡梅伦几经努力,终于挖掘出了家族的血泪史,那简直就是一部变态合集啊!

比如,卡梅伦的母亲小的时候,竟然被强迫检查自己的大便!至于说乱伦,不是说了嘛,"据我所知,你的家中并没有任何乱伦事件"……

很明显,卡梅伦的母亲把自己遭遇过的痛苦很好地传给了下一代——她猥亵了自己的儿子。那时候，小卡梅伦才4岁。同年，他的家人再接再厉，他的奶奶也猥亵了他。之后，他还被男子性侵过，这就是他会有女性人格的原因——在他的心里，只有小女孩才会被男人侵犯。

年幼时就被封存起来的记忆不断呈现在眼前。卡梅伦简直不敢相信，自己竟然受到过如此的对待！在他无法承受这痛苦的时候，他"创造"了其他的人格。他们纷纷走过来说，"唉，你太可怜了。这段记忆我替你拿走，这份痛苦我来替你承担。"于是，在他的记忆中那些伤他最深的部分都封印在了其他人格那里，而他们则始终处在那个痛苦的时刻，不长大也不消退，静立在时间的彼岸，却也陪在卡梅伦的身边。

卡梅伦陷入了极度的痛苦中，拥有如此众多的"分身"让他无法适从。虽然妻子很支持他，可是还是无法忍受，在他们聊天时，忽然"别人"跳出来，或者在他们要亲热的时候，一个4岁的孩子可怜巴巴地出现。他的妻子压力也很大，为了转移压力，她开始和别的男人约会。

卡梅伦的人格们一致决定配合治疗。在他们的齐心协力下，他们终于能够顺利地生活在一起，而他的妻子也重新回来了，甚至他的小儿子也知道了这件事情，但是他很支持自己的父亲。

【现象】

## 魔方人、迷失的自我……人人都有不同的自己

多重人格因为其主人公的故事情节往往曲折复杂、引人入胜，而激起了人们的猎奇心理，成为了近年来人们最感兴趣的心理命题之一。甚至人们也会问："我在公司里很文静，在朋友面前就很疯，是不是双重人格？"

不过，若是真的有多重人格，你自己是不会发现的。更何况，多重人格是极其罕见的，要有极其惨痛的经历（具体多惨痛可以参考卡梅伦），并且要有易感素质才行（一般人还真没有这个能力）。所以，要是还有人对你说："我好像是多重人格！"你一定要一脸沉痛地问："说说吧，你到底经历了什么样的人生？"

事实上，正如我们在前面讲到"人格"的时候所说的，人格是稳定的，但是也是多面的。正如魔方一样，有不同的面，每一面都有自己独特的颜色。这些不同的面和不同的颜色组合起来，才是一个完整的魔方。人也是如此。所以，我认为，对于这样的情况，我们姑且称之为"魔方人"，比较恰当。

现实中，我们每一个人都是魔方人。我们在面对不同的环境的时候就会展现自己不同的一面。比如，你在父母面前可能就会撒娇技能全开，耍无赖模式无限循环；你在老板面前必须夹起尾巴做人，凡事三思而后行；在客户面前就是"我是大咖我专业，选我"；在上网的时候节操负值、底线全无、吐槽时完全是毒舌；在男神或女神面前，立刻化身温柔害羞乖宝宝……

每个人都有自己不同的一面，在适合的场合展示自己不同的一面，这其实也是一种"适者生存"——你必须把适合当时环境的一面展示出来，才能生存下去。

但是，很多人在面对自己的不同面的时候，会感到迷茫，甚至是自我迷失，不知道到底哪一个才是真正的自我。

事实上，不管你的哪一个面，都是真正的你。能够在不触犯法律、不损害道德的前提下，随心所欲、任性妄为地活着，将自己的每一面都激发出来，才是最棒的活法。你的每一面都是那么精彩，相互之间的碰撞会迸发出更加精彩的火花，让你也能活得更加自在。将自己的每一面都磨砺好，把自己打造成自己独有的形状，让自己变成最特别的魔方，那时候你会成为非常出色的人，不是吗？

不过，对于现代人而言，使用最频繁的关键词大概就是"迷茫"。在面对这个多变的世界和这个多变的自己的时候，实在是无所适从。一会儿是孤独的一面无限放大，一会儿是快乐的一面占据身心，一会儿冷若冰霜，一会儿又同情心泛滥……好像一天之中，我们就会在自己不同的面中不断跳跃。这会让人陷入迷茫："真正的我到底是什么样子？"

事实上，如我们前面所说的，一个人的人格是不同方面的统一，是有着不同的面的。每个方面都是你真正的自己，这些并不必怀疑。那些孤独是实实在在的，快乐也是真真切切的。它们都是发自你的内心的。最重要的是，你希望能够加强自己的哪一方面，让自己成为什么样的人。你可以让你孤独的一面扩大，成为你人格的主要部分，也可以让快乐成为主导。你可以努力坚强、积极追寻，也可以郁郁寡欢、畏缩不前。所以，实际上从一开始你就问错了问题，不是"真正的我到底是什么样子？"而是"我想让自己成为什么样的人？"

## 【解答】利用催眠治疗多重人格

多重人格的治疗需要家人朋友的支持、理解和耐心陪伴,尤其是在治疗的时候,更是需要多方配合。目前,在治疗多重人格方面,最有效的是催眠疗法。

催眠师首先要与患者进行沟通了解,掌握必要的信息。然后,用语言、目光、数数等方式诱导患者进入催眠状态,并逐渐将其状态引入催眠当中。

多重人格的人在完全接受自己的病情之前,是无法进行自我调节的,因为他们(主人格)完全不知道还有另一个甚至好几个"自己"存在。即使在得知病情之后,他们也往往难以接受,觉得不可思议。只有在他们完全地接受了事实之后,才有可能进行一定程度的自我调节。

催眠师引导其他人格出现时,会了解该人格的姓名、年龄、性别、性格、爱好、经历等。催眠师会表明自己的立场,即是来帮助TA的而不是来伤害TA的,由此逐渐建立和该人格的信任关系。如果还有其他的人格,应该在时间充裕和时机恰当的时候一一与他们"结识"并建立信任,为日后的深入治疗奠定良好的基础。

在这个过程中,了解每一个人格形成的原因尤其重要。主人格会形成后继人格,往往都是因为自己曾经有过惨痛的经历,比如被虐待、欺侮、性侵或者经历了巨大的情感打击等。因为主人格无法承受这样那样的痛苦,才会出现后继人格,来替主人格分担。

L女士被性侵后不久,出现了多重人格:一个是安静悲伤的女孩,替她承担痛苦,她总是紧锁着眉头,忧郁彷徨,沉默寡言,不肯轻易敞开心扉,面对陌生人的时候会有明显的回避行为;一个是暴戾沉默的男人,替她承担愤怒,并且担任保护者的角色,他对世间的一切都很不满,认为所有人都对L很不公平,只有自己能够守护L,保护她不被伤害;还有一个是水性杨花的女人,她总是打扮得性感招摇,享受男人们黏在自己身上的目光，常常主动引诱各种各样的男人，放荡地生活着，事实上她是在替L承担在经历性侵后对于自我价值的否定。

总之，每一个人格都是带着"使命"来到这个世界上的。只有了解了他们出现的原因和目标，才能在之后的治疗上进行妥善引导，让后继人格"各安其命""尽忠职守"，而不是把精力都用在跟主人格的对抗上。

主人格常常不清楚其他人格的存在，但是其他人格之间可能会相互知晓。因此，可以将催眠治疗的过程录下来，事后对患者进行播放，让其清楚自己的情况，也"认识"一下自己的其他人格。在相互知晓存在的情况下，可以让主人格和后继人格尝试进行交流。可以鼓励患者建立一个内心世界的舒适空间，专门用来缓解内心的矛盾和疲惫。彼此的沟通和了解有利于人格之间消除障碍、建立比较良好的关系，由此为进一步治疗打下基础。

后继人格一旦出现，就是相对独立的，有自己的思想和存在价值，甚至有时自认为是躯体中的另外的灵魂。因此，试图"杀死"他们是十分不明智的，那样可能会引起其不满，求生的本能甚至会让他们发起对主人格的攻击。在治疗中，应该充分尊重后继人格，听取他们的意愿，然后进行引导。

既然每个人格都是为了完成自己的任务而出现的，那么一般来说，只要任务完成了他们就失去了存在的意义。因此，让主人格发泄出过去经历中的痛苦、愤怒、恐惧、悲观等情绪后，再让后继人格慢慢与主人格融合到一起，回归到主人格之中，这才是最好的结果。

**【生存法则】**

# 3种效应打败人格迷失

### 1. 苏东坡效应

苏东坡有一首诗《题西林壁》:"横看成岭侧成峰,远近高低各不同。不识庐山真面目,只缘身在此山中。"

这首诗的意思是,你环顾深山,仰望低俯,看远看近,却发现这山竟是不同的形状。你看不到庐山真实的面目,只因为你正身处山的里面。

也就是说,当人们置身于事情之内的时候,往往无法客观认识到事情的本身。还有一句话,叫作"当局者迷",说的也是这个意思。

人们在认识"自我"的时候也是同样,往往由于身处其中,带着强烈的主观色彩,所以才非常困难,时时容易迷失。因此,认识自我才是人类最难的课题。这就是苏东坡效应。

对于多重人格障碍患者来说,他们更加脆弱,更加容易迷失。他们往往通过"创造"一个人格来抵挡过去的伤害,进而保护自己的主人格。但是,事实上这正是主人格无法接受现实、迷失自我的一种表现。

全面客观地认识自我并不是一件容易的事情。多重人格障碍患者应当时时关注自己的内心,倾听自己内心的声音,找到内心的渴望和恐惧。只有正确地认识了自我,接受了自我,才能给自己充分的安全感,让自己不必通过"创造"人格来抵御创伤。

### 2. 通感效应

通感从字面理解就是感觉相通。其主要是指在艺术体验中,各种感官之间的感觉相互融会贯通的一种心理现象。比如,在刘鹗的《明湖居听书》里,作者形容一位女子的说唱艺术高超:"五脏六腑里,像熨斗熨过,无一处不伏贴,三万六千个毛孔,像吃了人参果,无一个毛孔不畅快。"用这些看得到、摸得着、想象得到的感觉来形容声音,这就是运用了通感。

对于多重人格障碍患者而言,通感不仅仅是在体会艺术的时候让各个感官之间的感觉渗透,更重要的是,让各个人格之间的感觉相互渗透,达到沟通，最终达成协调统一。但是，事实是，患有多重人格障碍的人往往并不知道自己患有此病，主人格尤其难以知晓其他人格的存在，因此，沟通是很难的。

### 3. 自我选择效应

自我选择效应的意思是，人的生活是由自我的选择逐渐积累起来的。人现在的生活由过去的选择而定，未来的生活由今天的选择而定。在最初，人拥有千千万万种可能，但是因为你的选择，你最终拥有了属于自己的道路。正是因为选择的不同，才造就了不同的人生、不同的活法。

多重人格障碍患者应该明白之所以拥有多重人格，正是由于你在经历创伤的时候，做出了自己的选择。而这个选择正是一种保护你自己的形式。

而你现在，也还是可以选择的。你可以放任，也可以治疗；可以去了解，也可以去抗拒。你不能改变事实，但是你可以选择一条利于自己康复的道路。

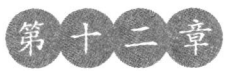

第十二章

人生就是一场戏,唯我入戏最彻底——

# 表演型人格障碍

【精神病自测】

## 看看给你的表演型人格障碍打几分

请你找一处安静的地方,回忆自己的情形,根据实际回答下面问题。

1.你是否热衷于成为关注的焦点?
2.你是否性格外向,不喜欢孤单一人?
3.你是否容易感情用事?
4.你是否喜欢穿奇装异服?
5.你是否在日常生活中语言夸张、表情丰富?
6.你是否只考虑自己而从不考虑别人的感受?
7.你是否认为自己有很多知己好友?
8.你是否会出现自伤或者威胁自杀的情况?
9.你是否极易受到他人暗示?
10.你是否易被激怒?

以上10个问题中,如果你的回答有3个以上为"是",那么你可能有表演型人格障碍倾向;如果你的回答有5个以上为"是",那么你很有可能患表演型人格障碍,建议到专业机构做一下鉴定。

【问题】

# 戏剧化&幼稚化

和同事一起出去吃饭的时候,路遇一位典型的杀马特少女小W,身上穿的衣服都很松垮很惊悚,头发高耸蓬乱五颜六色跟调色板似的,脸上的妆化得像是刚从煤堆里爬出来的,遇到她的时候她正在投入地欣赏自己涂成黑色的长指甲。

我们对她的打扮很是欣赏不了,表示已经不是一个物种了,难以达到同样的水准。

"你说他们这些孩子,为什么这么打扮呢?"同事说。

"主要是想吸引人的注意力,表达自己的与众不同,但是又不会打扮,审美偏差了,所以就把自己弄成这样。他们其实是想表现一种'随性'的生活态度,但是却在一条错误的路上迷茫做作地走下去了。"

不知道小W是不是听到了我们的对话,反正她带着那种做作的随性的态度晃悠到我们面前,老练地过来打招呼,聊了几句后,开始向我的同事抛媚眼,并且一瞬间开启了韩剧女主的柔弱洒泪模式,讲起了自己的"血泪史"。

同事没好意思告诉她妆花了,其形象就像个讨薪的煤炭工人,就那么强忍着笑安慰了几句。

小W似乎觉察到了什么,立刻飞快地开始补妆,同时也很愤怒:"你还笑!这有什么好笑的!你这个人简直没有同情心!实在是太过分了!"

同事也觉得有点儿不好意思了,于是赶紧道歉。小W显然对此很受用,挺了挺胸部,说:"谢谢你安慰我,不如留个电话号码吧……"

后来,我又接触过这孩子几次,基本上可以确定她就是表演型人格障碍患者。

表演型人格障碍如字面所言,他们的行为就好像是在进行演出一样,显得浮夸造作不自然,但是我们的当事人却浑然不觉,乐在其中,并且以吸引到众人的注意为能事。就好像舞台上那些不专业的演员,总是要想办法

"抢戏",好让观众的目光聚集到自己身上,试图一举成名,成为街头巷尾热议的话题,为此或是浓妆艳抹,或是肤浅夸张。而表演型人格障碍患者恰恰如此。他们喜欢成为焦点,喜欢他人的关注和赞美,他们所做的一切都是为了将世人的眼光牢牢黏在自己的身上,享受着万千关注于一身的闪耀时刻。

表演型人格障碍患者最大的特点就是戏剧化。表演和戏剧本来就不分家,对于他们来说也是一样。正因为他们把生活中的每个时刻都当成是用心表演的舞台,把每个人的眼睛都当成是摄像头,所以自然是要卖力演出,力求剧情跌宕起伏、千回百转,整个就是一部现代悬疑伦理武侠悲喜剧。

表演型人格障碍患者既然自诩为演员,自然是十分注重自己的外貌的。他们往往过度打扮自己,好让自己能在人群中迅速成为焦点。他们还总是散发着强烈的荷尔蒙,用带有挑逗性的行为展示自己,当各种各样的目光被吸引过来的时候——不管是感兴趣的还是下流的,是喜爱的还是厌恶的,是好奇的还是嫉妒的——他们的戏剧就已经成功了一半了。

因此,表演型人格障碍患者为人处世都十分夸张,生怕别人看不到似的。他们做的每一件事情都好像在大喊着:"快看我快看我!我正在做这件事情哟!"对他们而言,自己的生活就是用来展示给别人看的,而他们永远不介意多一些观众。

他们会在与他人的交往中拔高自己。在他们看来,自己已经"赏光"去和周围那些小角色交往了,那么自己就应该是周围人的中心。因此,他们总是觉得自己有很多亲密的朋友或者伙伴,觉得大家都非常喜欢自己,可是事实是,"小角色"们并没有这么想。

表演型人格障碍患者的第二个特点就是幼稚化。从我们前面所说的他们的处世风格来看,他们就好像是幼儿园里时刻想要老师表扬的小孩子,总是做一些不成熟不理智的事情来吸引别人的注意。

你也许会说:"可是他们看上去都很老练啊!"的确,他们深谙社交之道,因为社交场合是最佳的自我表演舞台,所以他们在社交场合总是能如鱼得水。而出众的外表和散发的荷尔蒙自然也能为他们的社交加分。但是,这只是说明他们擅长社交而已,并不能说明他们成熟。

事实上,表演型人格障碍患者可比你想象的要幼稚得多。他们总是非常任性,难以忍受丝毫的委屈,在事情不能按照自己的想法发展的时候就会变得怒气冲冲，在看到别人比自己更受关注的时候就马上嫉妒、争夺焦点甚至不惜大搞破坏。总之，都是在耍小孩子脾气。他们非常幼稚，只顾自己的感受，而且常常不在乎后果。老练的社交只是他们的表面，在他们的内心世界里居住的，依旧是个幼儿园小孩儿。

也正是因为这两点，表演型人格障碍患者时常冲动易怒，还很容易受到别人的暗示或者所处环境的影响。因此，他们总是不知道自己想要什么，只能继续这样的循环。

## 凭什么不喜欢我？

在网上认识个女孩，姑且叫作阿D。在一个QQ群里，不过不是很熟。某天，她在群里讲自己的事情，一副心事重重的样子。

D："走在街上有星探过来请我出道，说我长得漂亮、有气质、个子高挑、身材苗条，当明星肯定能红。"

旁人："无图无真相。"

D马上上传了数张各种角度的自拍照，可以看出来是精心装扮过的，也是精心PS过的。自拍照的女生表情性感，并且张张都能展现出诱人的"事业线"。

一时间群友都以她为中心，议论起来。D成功吸引了众人的关注。

旁人："果然是美女！那你答应了没？"

D："没有，是家小公司，听都没听过的。我要签肯定要签大公司，出道之后直接超越范冰冰。"

旁人："呃……那你这么漂亮有男朋友没有啊？"

D："没有。可惜我出道晚了，不然周董肯定是我的，早没昆凌什么事了。"

旁人："追你的人是不是很多啊？"

D："那倒是。不过追我的那些人我一个都看不上。有的男生真是不自量力，癞蛤蟆想吃天鹅肉！那么丑也敢来追我？那么穷也敢来追我？"

旁人："总有好的。"

D："那倒是。有几个追我的男生对我确实是不错。一个是某市市长的儿子，长得也挺帅。还有一个家里是办企业的，也算有点钱，估计能有几个亿吧。人吧，不算太帅，但是看着顺眼，个子倒是挺高的，人也干净。另外一个吧，是我们校草，特温柔浪漫，可惜家境一般。他们都对我很好，不过我对他们都没有感觉。"

旁人："条件都不错啊，你也不动心？"

D："这就叫条件不错啦？那你也太小看我了！"

旁人:"你到底想找什么样的啊?"

D:"我的要求也很简单的。只要有缘分就好。"

这时有人说:"别那么挑了!小心嫁不出去。"

D马上做认真反驳状:"不会的。"

那人继续:"你这么个挑法,什么样的男人也满足不了你啊。"

群里一片哄笑。

D马上:"你们欺负我……"纠结委屈了半个小时。

D:"我喜欢上一个人,但是他不喜欢我。"

旁人:"那你努力追啊,男神会被你感动的。"

D:"凭什么要我追?凭什么他不喜欢我?我这么漂亮,个子高挑、身材苗条,还要我主动?他凭什么不喜欢我?"

旁人:"……"

D:"我见过的所有的男生都喜欢我!我走过十个城市,在每个城市里只要是我看上的男生,都会来追我!只有他不喜欢我,凭什么!我给他机会他都不要!气死我了!"

我们看得出来,D很注重自己的外表,喜欢诱惑别人,高高在上,易受到暗示,最后还激动愤怒,虽然没有深入了解,但是基本能看出她就是表演型人格障碍患者。

【现象】

## 嗲嗲女，做作生活如演戏

记得以前看过一个节目，里面某女孩说话嗲声嗲气让人起一身鸡皮疙瘩，受邀唱歌的时候倒是声音低沉、略带浑厚，有女中音的范。音乐一结束，马上又吊起嗓子说话，甜腻娇嗔到令人发指。看得观众们恨不得大吼一声："放开那些主持人，冲我来！"

事实上，我们身边总有这样的女孩子，身娇肉贵，嗲声嗲气，让人听了要么骨头发酥要么头皮发麻。我曾经很纳闷，为什么"嗲"字是"口"字加个"爹"字，后来恍然大悟，那意思是，要是嗲起来，只要你一开口，你爹就会满足你的要求！

俗话说"会哭的孩子有奶喝"，那么会发嗲的女孩子肯定最受欢迎咯！

嗲嗲女们除了声音嗲，表情也嗲。那一个个如洋娃娃般精致的面庞，一颦一笑都是嗲嗲的，分分钟抛个媚眼撒个娇，荷尔蒙爆棚让人猝不及防。

嗲嗲女们一般都走性感路线，秀一秀童颜巨乳大长腿，转身露个大美背，回眸一笑，电眼大开，立刻让男人们被电流直击，魂不守舍。那诱惑力着实惊人。

嗲嗲女们往往还天生自带一项技能，那就是强大的交际能力。毕竟没有谁能抵抗住如此娇嗔发嗲的美少女。嗲嗲女们往往还很会看人眼色，对于想要讨好的人很懂得对症下药。当然，对于另外一些人就很难说了。

嗲嗲女们爱自己的容貌胜过一切，当然会精心打扮了。她们热爱视线都黏在自己身上的感觉，不管那目光是欣赏还是贪婪。如果能上新闻的话就最好，不管正面负面，有人在欣赏就是最好的。寻求注意对她们而言不光是虚荣心，更像是本能。

嗲嗲女们看似美丽性感爱发嗲，不过却也不是什么人都能享受她们的嗲声嗲气的。对于喜欢和需要的人，她们自然会一步三摇地散发出全身的荷尔蒙来。对于那些试图高攀的人，我只能说：呵呵，自求多福。

越是发嗲的女孩子越是脾气大，这是个真理。她们实际上很容易被激怒，会无缘无故地发脾气，骂摔打砸，样样精通，分分钟刷新你的三观。

这就好比是走红毯的明星，不乏外表迷人私下暴躁的。嗲嗲女们也是一样。她们对你发脾气说明她们没把你当外人？你想太多了，她们只是没看上你。

说了这么多，我们可以发现，嗲嗲女们拥有表演型人格障碍患者的很多要素。她们注重外貌，语气撩人，性感，擅长诱惑，交际能力强，懂得趋利避害，敏感易怒爱生气……

对她们而言，生活就是一场表演，自己就是主角，她们的任务就是吸引关注，给自己的人生制造一个大"票房"。她们往往表现矫揉造作，却又不自觉地陷入这种模式。她们的内心深处充满着被关注的渴望，还有深深隐藏的自卑。

【解答】

## 表演型人格障碍患者可以自我调整

表演型人格障碍患者相对来说比较幼稚，自我调节非常困难，因此，如果是自行调节，需要家人或者朋友的帮助和支持。那么，我们应该从哪些方面入手呢？

首先，让他们描述对于自己的看法，然后向他们描述别人对于他们的客观看法，两者进行比较，引导他们从中找出自我认识的偏差之处，认识到自身性格中的浮夸、易怒、极度想要寻求关注等方面，并指出其中的不足之处。

比如，患有表演型人格障碍的人从来不吝啬于夸赞自己，即使是一般我们都是用在别人身上的客套话，他们拿来夸自己也从来不会觉得不好意思。什么"聪慧机敏"啊，"贤良淑德"啊，"美丽动人"啊，"时尚前卫"啊，"追求者众"啊等。你将他们描述自己的词汇总结起来，那就是一部如何夸人的百科全书啊。他们以此来进行自我表现，寻求更多的关注。这样的行为在其他人眼里则被视为表现欲过头、自我满足等等。

再如，表演型人格障碍患者的举止极度浮夸做作，举手投足都好像是机位在拍他们，他们以吸引众人的目光为乐，享受成为焦点的感觉，自认为优雅、前卫或者迷人。但是在其他人看来是招摇过市、举止轻浮、装腔作势等。

患有表演型人格障碍的人很容易受到暗示，一点儿小事就会将他们的思绪打乱。他们会为此觉得十分困扰，觉得自己受到了不公平的待遇。但是事实上，在别人看来，他们这是处事不成熟的表现，就像是个不懂事的小孩子。

凡此种种，都应该让他们了解。他们可能一时无法接受，甚至大发脾气。可以将这些分析置身于情景之中，让他们知道自己和一般成熟的人处理事物的区别所在，逐渐引导他们深入剖析自我，接受自己有性格缺陷的事实，并且协助他们建立日趋成熟的个性。

在表演型人格障碍患者认识到自己的问题，并且愿意接受帮助的情况下，可以引导他们进行自我调整。

他们可以将自己的一些日常行为表现录下来，并在日后进行观看和分析，搞清楚自己的喜怒哀乐都会有什么样的行为。同时，可以让他们征求周围亲朋好友的意见，看看他人是怎样来评价的。对于这些意见，一定要虚心接受，并且整理出自己日常生活中的情绪表现的不足之处，按照"适当""过度表现""行为偏差"三个维度进行整理。"适当"指的就是朋友们大体觉得可以接受的，"过度表现"就是让人觉得行为浮夸做作的，"行为偏差"就是让人觉得跟普通人的反应大相径庭的。在将行为进行整理之后，就可以按照朋友们的建议进行行为修正，同时深入分析这些表现是自己刻意为之还是无意识的。不管是哪一样，都要时时提醒自己。

不过，仅在行为上进行纠正只是治标不治本，更重要的是，要让患者在心智上成熟起来，让她们学会用成熟的方式来处理自己的感情。尤其是在面对压力的时候，不要马上就情绪激动、愤怒，而要学会理智地去分析。另外，需要注意的一点是，表演型人格障碍患者在进行自我调整的时候不要全面地否定过去的自己。

# 3种效应去除表演型人格障碍

【生存法则】

### 1. 鸟笼效应

鸟笼效应源于这么一个关于鸟笼的故事。詹姆森和卡尔森两人打赌。詹姆森说:"我不久之后就会让你养一只鸟的。"卡尔森则说:"不可能,我从来就没有想过要养什么鸟。"之后,詹姆森买了一个很漂亮的鸟笼送给卡尔森。卡尔森觉得这鸟笼反正挺好看的,就挂在了家里。从此之后,只要有客人来,就会问:"你的鸟什么时候死了呢?"卡尔森只好回答说:"我没养过鸟,我只是跟人打赌。"每次他解释得口干舌燥,可是客人们却满脸不解。时间一长,卡尔森自己也觉得很烦了,干脆买了一只鸟,放在鸟笼里。这回,挂在家里的鸟笼再也不会显得突兀了。

这就是所谓的"鸟笼效应"。人们在获得了一些无关紧要的东西之后,会继续不自觉地向里面添加一些自己本不需要的东西。

这一点商家们运用得最在行了。他们提供很多的打折券或者优惠券,这本来对我们是可有可无的东西,但是我们拿到了这些东西,就会想要把它们花掉,于是买来了很多有用的没用的东西。

表演型人格障碍患者,则在遇到一些无关紧要的情景的时候,不停地在其中添加一些可有可无的剧情,并且乐在其中,享受在那样的情境下魅力四射的感觉。

表演型人格障碍患者可以列一个表格,将自己想做的事情分为"必要的""重要的""无关痛痒的"。这样的话,在做事的时候也就会分清楚主次,而不会偏离自己的重点,在无关的事物上浪费时间,一味施展自己的魅力,而耽误了要做的事情。

### 2. 拍球效应

拍球效应指的是,当你拍球的时候,使用的力量越大,那么相应的球也就跳得越高。也可以说,当一个人承受的压力越大的时候,那么他们的潜能就发挥得越多，所取得的成就也就越高。

对于人们而言，压力也就是动力。压力越大，就会发现自己抗压的能力越强，自己能够开动脑筋想到的办法也就越多。有一句话叫作"你不逼自己一把，永远不会知道自己有多优秀"，说的正是这个道理。

就表演型人格障碍患者而言，因其停留在青少年的某个时期——敏感、夸张、以自我为中心，那么受到压力的时候，他们会在压力中学会成长。因此可以说，表演型人格障碍患者应当适当给自己一些压力，并且学会独立解决。

### 3. 配套效应

18世纪的时候，有个叫作狄德罗的哲学家。有一天，有人送了他一件非常高级的睡袍，考究、高雅、名贵。狄德罗也非常喜欢这件华丽的睡袍，穿上之后非常惬意，感觉家里的东西都很别扭：家具都很落伍，床单、地毯、书桌……自己家里的一切居然都显得那么粗鄙。于是，为了跟这件睡袍相匹配，他对家里进行了一次大升级。终于，他觉得家具的水平上来了，配得上他的睡袍了。可是，狄德罗却意识到有什么东西不对劲。在没有这件睡袍之前，他原本过的生活非常好；可是当拥有了这件高级的睡袍之后，自己的生活居然被它"胁迫"了。

人们在拥有了一件新的高档物品后，会不断用同样高层次的物品来配制以达到心理平衡。这就叫作"配套效应"。

表演型人格障碍患者更注重外表，虚荣，同时也更容易受到暗示，极易受到配套效应的影响。在出现这种情况的时候，一定要认真想想，这样的配套是否必要，是否已经给自己的日常生活造成了不良影响。

第十三章

不准批评我,但我要怀疑你——

# 偏执型人格障碍

【精神病自测】

## 看看你的偏执型人格障碍有多严重

请你找一处安静的地方，回忆你最近的情形，根据实际回答下面问题。

1. 你是否对挫折与拒绝过分敏感？
2. 你是否容易长久地记仇，即不肯原谅侮辱、伤害或轻视你的人？
3. 你是否易猜疑，把他人无意的或友好的行为误解为敌意或轻蔑？
4. 你是否与现实环境不相称地好斗及顽固地维护个人的权利？
5. 你是否毫无根据地怀疑配偶或性伴侣的忠诚？
6. 你是否将自己看得过分重要？
7. 你是否将与自己直接有关的事件以及世间的形形色色都解释为"阴谋"？
8. 你是否认为只有自己是对的？

以上8个问题中，如果你的回答有2个以上为"是"，那么你可能有偏执型人格障碍倾向；如果你的回答有4个以上为"是"，那么你很有可能患有偏执型人格障碍，建议到专业机构做一下鉴定。

【问题】

# 狂妄的自信

大学时候的好友S，叫她S是因为她的身材确实很S，人也漂亮。不过她的感情一直不太顺利，用她的话说就是总是遇到"极品""奇葩""人渣"。这次S异常崩溃，说是遇到了"奇葩中的极品人渣"。

还没等我们开始说呢，一个男人就冲了过来，指着S的鼻子："怪不得你跟我分手！原来是到这里来会男人！"

我当时就郁闷了。虽然我很平板，但是貌似还能看出是女人吧。

S无奈地看看我，一脸的受不了，起身要把这个男的拉出去。可是他却大喊大叫："昨天说是跟你领导陪客户吃饭，回家那么晚！鬼才相信！你是不是找借口跟你那个领导去约会了？还是说，是你的那个什么客户看上你了，你为了签单就直接献身？我就知道你是个不安分的女人！今天还来会小情人了。"他看看我，似乎终于确定了我是个女人，又大喊道，"你弄个女的在这糊弄我！让那个男人出来，看老子怎么收拾你们这对狗男女！"

S被惹火了，一边拉他一边骂，结果他把S推倒在地上，跨上去两步，啪啪就是几个耳光。我连忙上去阻止，顺便打电话叫了保安上来。

看到S痛哭不已，他似乎清醒过来了，跪在地上求S原谅："都是因为我太爱你了。我不能失去你……在公司他们都处处跟我作对，你不能也跟我作对……到处都是阴谋！他们恨不得让我死！我每天晚上都失眠……你别离开我……"

这时候保安已经赶到，礼貌地请他出去。他马上又失控了。

后来我又对S的这位"奇葩中的极品人渣"男友进行了比较深入的了解，发现他就是典型的偏执型人格障碍患者。

偏执型人格障也叫作"妄想型人格障碍"，常被描述为"诡辩型""狂妄的自信"。他们往往把自己看得过分重要，自我意识过盛，不可一世，常常会摆出一副"我就是神"的姿态，仿佛世间的一切对于他们而言就像

孙悟空逃不出如来掌心。他们那不知从何而来的自信让他们觉得自己看起来简直光芒万丈。

但是，这种自信往往是不切实际的，他们并没有足够的能力与这种过度的自信相匹配。所谓的"能力""优秀"都只是他们自我麻痹的妄想。

因此，他们注定了从妄想走入现实的时候会受到挫折，因为真实的他们和他们自我认知中的自己完全不同。他们一旦遭遇挫折，就会变得异常敏感激动，无法接受事实。同时，他们绝对不会承认是自己的问题，而是会找各种客观原因进行诡辩。"如果我没做好一件事情，那肯定不能怪我啊，都怪老板催得太急，同事脑筋不开窍，楼下的狗叫得太大声，全球变暖导致我思路不顺畅……"

在偏执型人格障碍患者的眼中，一切都是别人的错，都是别人害了自己。所以，他们对人充满了敌意，任何人的细小的行为，不论是出于好意或者无意，在他们眼里都是对他们的挑衅甚至是伤害。他们会长时间地记仇，并且极端地维护个人权利。他们还特别擅长猜疑，任何一件小事都能让他们在脑海中衍生出惊天大案件，尤其是会怀疑伴侣的忠诚。在他们的心里，自己头上不知道被戴了多少顶绿帽子。他们会暴躁易怒，出手打人，但是过后可能又会道歉求得原谅，如此反复。

所以，他们最后会得出一个结论："全世界都联合起来欺骗我、嫉妒我、陷害我、伤害我！"

患偏执型人格障碍的人的病因很可能起源于儿童时期的一些经历，他们可能经常承受来自他人，如父母等的愤怒情绪、打骂行为，甚至各种羞辱，这会在他们的心里留下不可磨灭的印记，让他们的情感产生扭曲和缺陷，造成精神上的紧张和怀疑。同时，他们会学习到这些愤怒和狂妄，并在长大后投射到他人身上。

还拿S的这位男友来说，后来我们了解到，在他小时候，他的父亲经常酗酒并对他进行虐打、体罚，让他挨饿等，还经常不让他上学。事后，父亲会感到后悔并买东西给他作为补偿。可以说，他的性格是受到他父亲很大影响的。

【案例】

## 嫉妒我的优秀？就凭你们？

说到偏执型人格障碍，我想到了历史上的晁错。

在历史课上，老师讲到文景之治和七国之乱的时候都会提到他。晁错这个人呢，很有才华。汉文帝的时候，太子就很重用他。等到太子当了皇帝，成为了汉景帝，晁错就成为了重臣，为景帝出谋划策。比如，加强中央集权，削藩，重视农业等等。汉景帝呢，也觉得不错，但是对于削藩这事儿就犹豫再三了。这时候七国一看，趁机会赶紧反啊，不然等皇帝寻思过来了，自己就等着挨收拾了。于是，他们就反了。汉景帝一看，完了，打不过，就听了小人之言，杀了晁错，以期平息七国之怨。

其实，晁错的想法都是好的，但做法欠佳，关键问题就出在他的偏执型人格障碍上。

晁错是个什么人呢？我是忠臣，你们不听我的，跟我唱反调，你们就都是奸臣；我是忠臣，皇帝你听我的建议，你就是明君，你觉得我说的不对，你就是昏君。所以，谁也不能说他不对，不然他直接就把你拍死在昏君和奸臣的名声下。所以他的同僚们都很不待见他，连皇帝也对他有了想法。他主张削藩这件事情，也延续了他一贯的偏执型人格障碍的风格。他制定了各种法条，意思就是我是忠臣，我制定的东西你们这些封地的王公们都要遵守，不然你们就是反贼，我让皇帝收拾你们。

矛盾一下被激化了，不仅削藩这事没办成，汉景帝当了缩头乌龟，晁错也搭上了自己的性命。

下面再看一个案例。

"我从小就是班里的尖子生，学习特别好，各方面也都很出色。我愿意

主动帮助别人,因为我觉得他们实在是太可怜了。不过,他们却不领情,总是嫉妒我的才华。他们总是在背后说我的坏话,我都知道的。他们还妄图排挤我,疏远我,不过没得逞。其实,我也不屑于跟他们玩儿。他们都是垃圾。但是我就是要证明,我是最强的,他们谁也奈何不了我。

"到了大学的时候,我进入了学生会。里面简直是一团糟!乌烟瘴气。要是我当会长,肯定进行大刀阔斧的改革。他们惧怕我的想法,居然说我不服从管理,把我开除了。哼,那是他们的损失!大学课堂上,我经常和老师辩论。他们说不过我,只好说我是不可理喻。哈哈,你说多可笑。

"当时也有心理辅导员找过我,还说什么其实我有自卑的地方。放屁!我这么优秀还会自卑吗?真是天方夜谭!我觉得那个老师简直就是疯了。我想,一定是他们联合起来,想要强迫我承认自己有自卑的地方,然后他们就可以利用这一点来打击我。我才不会上当呢。"

"说实话,这样的学校真是不念也罢。所以,我干脆就退学了,然后找了一份工作。唉,真是人心险恶啊!他们居然说我能力不足。哈哈,我能力不足?我承认有的地方确实没有达到预期的效果,但是他们也不看看客观原因。什么条件都没有就让我做,还嫌我做得不好。也就是我吧,换了别人这破活儿连接都不敢接。

"老板还假惺惺地找我谈心,说我不够团结,说我不信任自己的同事。笑话!我为什么要信任他们?等我做出成绩,让他们领功?我看这老板就是藏着坏心眼,就是要整我!果然,没多久,他就要辞了我。我也不稀罕他这工作。不过,我早晚会让他后悔的。

"中间又换了几份工作。到处都是一样,世态炎凉啊,人们就是看不得我比他们优秀,处处为难我。哼,我可不会坐以待毙。我狠狠回去他们,让他们哭去吧。

"这中间我交了一个女朋友。一开始还不错,温柔漂亮,百依百顺。可是时间长了就不对劲了。天天盯着别的男人看,还总打扮得花枝招展的,招摇过市。你说那是要招蜂引蝶吗?我就偷偷跟着她,看她是不是跟野男人约会去了。只要让我抓住,我就打残那对狗男女。可惜他们太狡猾,每次都让我扑空。

"她发现我跟着她,居然还质问我。你说她出去偷汉子还有理了,还要跟我分手。要不是外面早有男人了,能跟我分手吗?简直要气死我了。

"到了现在,花生哥说我心理有问题,让我跟你聊。有什么好聊的?他是为了帮我,还是你要帮我?算了吧,我是看透了。你们就别再玩儿小伎俩了……"

## 【现 象】 网络暴民、肆意"人肉"……躲在网络背后,你是不是从不控制自己?

记得看过这么一部小说,小说里有一个隐藏于普通人中的杀手,这个杀手将自己视为城市的守护者和审判者。

小说中,杀手将一些人锁定为目标,将他们杀害,以进行"裁决"。网络上的人则将其视为"英雄"。通常,杀手在抓到某个"全民公敌"的人物之后,会将其身上放满炸药,直播到网络上,并且声称要在一定时间内(如十分钟)有一定数量(如一万个)网民写下"同意杀了他",他才会动手。

于是,一场真人杀戮秀演变成了网络上的全民狂欢。人们躲在电脑后面,丝毫不掩饰自己的恶意,一方面站在"道德"的制高点上,一方面怀着"反正人不是我杀的"的不负责任的态度,推波助澜。

当然小说是有一定的夸张成分的,但是,网络暴民的破坏力却被表现得淋漓尽致。

在真实的生活中,网络暴民也无处不在。网络暴民们擅长将一切问题上纲上线,然后他们站在"道德"的制高点上以俯视一切的姿态进行评论;同时,他们不忘恶意地对别人进行人身攻击,态度偏激,语言恶劣;最后,这一切还有可能回归到现实之中,发动"集体的力量"进行"人肉"搜索,令当事人在现实生活中一下子被推到众人面前,使其受到骚扰、恐吓以及种种负面对待,精神上难以忍受。

例如,在2013年,百度贴吧中有人声称自己的偶像"一场演唱会够C罗他们踢一辈子足球的!"并将类似言论到处散播,引发了不良的社会反响。这时候,一大拨球迷们和充满"正义感"捍卫"真理"的网民们站了出来,对散播这种言论的人"以其人之道还治其人之身",用更加疯狂的语言铺天盖地地进行羞辱性回击,还进行了"爆吧"。除此之外,他们还将此人的电话、住址、家人等信息"人肉"搜索出来,对其进行威胁恐吓。当事人一度崩溃,频频致歉,甚至想要自杀。

让我们来看看这个案例。我们且称当事人为小C。首先，小C的做法对不对呢？肯定是不对的！不仅不对，而且无知。且不说别的，小C的偶像和C罗这两个人从各种意义上都不是一个重量级的啊，能把他们放到一起比已经很奇葩了，居然还能说出来这样的话。其次，足球是世界级的运动，你可以不喜欢，但是你不能语出不逊。另外，如果有人蔑视你的偶像你肯定生气，那么，你也不要蔑视他人的最爱。

所以，小C的言论肯定是欠缺思考的，确实容易让人心生厌烦。

但是，只因为这么一句不当的言论，小C就要受到如此的攻击吗？

在网上，网民们对其进行道德审判，并用"爆吧"的手段对其制裁，充分发挥了"人多力量大"的优势，隐藏在电脑背后，毫不掩饰自己的愤怒、偏激、无聊，将语言暴力发挥到极致。有的人并不是球迷，也并没有自己的立场，只是顺应"潮流"、跟风而上，在一派狂潮中宣泄着自己的压力。

不止如此，网民们还将其个人信息"人肉"出来并公布，煽动更多的人在现实生活中对其进行监视、威胁、谩骂等。

网络暴民有几个特点。一是轻信谣传，不负责任。他们往往并不知道事件本身的真假，而是听到这样的言论，便马上加入声讨大军之中，口诛笔伐，决不轻饶。二是"道德感""正义感"上身，从"道德"等高层次对人进行批判，身负"正义感"，认为自己是在为"道德"和"正义"辩护，因而口不择言，愤怒蛮横，甚至对他人进行人身攻击。三是矫枉过正，本来只是想要纠正某种言论或者行为，结果言辞偏执，手段激烈，反而造成了不良影响。四是分不清网络和现实的区别，网络暴民往往擅长"人肉"搜索，将事件的当事人掘地三尺地挖出来，连同祖宗八辈都调查清楚，然后在现实世界中对其进行谩骂和伤害。

网络暴民离开网络，脱下那层冰冷而狂热的面具，都是些什么人呢？学生、上班族、工人、小老板……都是和我们一样的普通人，甚至是平时很宽容爱笑的人。可是，同样是这些人，一旦披上网络的外衣就很容易用语言暴力的形式来释放自己的压力。因为，没有人知道网络的那头是谁，就算知道了，毕竟法不责众。在这样的心理驱使下，人们很容易化身为网络暴民，成为网络上的偏执狂。

## 偏执型人格障碍患者的解药：学会信任

偏执型人格障碍患者认知偏激，总是会有很多不合理的观念，如"所有的人都在针对我""睚眦必报，一定要让他们知道我的厉害""只有我最正确""别人都不能比我好"等。这些认知模式是必须要被修正的，其中的不合理部分一定要被摒弃。

例如，"所有的人都在针对我"这种想法，你应该换一种角度来看，实际上是"我在针对所有人"。"睚眦必报，一定要让他们知道我的厉害"，换一种角度看，实际上是"睚眦必报，心胸狭窄，实际上我已经输了"。"只有我最正确"，换一种角度看，实际上是"并不只有我最正确，每个人都有自己的观点"。"别人都不能比我好"，换一种角度看，实际上是"过分嫉妒别人，是因为我没办法做到比别人好"。

在看到了自己的想法背后的潜台词后，你可能感到无法接受。那么，你首先应该平静下来，仔细思考，看看是不是这样。"所有的人都在针对我"，真的是这样吗？如果你这样想，那么你就有一个大前提，即你是所有人围绕的中心，被所有人严重关注着，他们关注着你的一言一行以研究如何针对你。事实呢？所有的人都有自己的生活，你并不是所有人的中心。你之所以会有这样的想法，那是因为你对所有的人都怀有敌意，真正的敌对的源头在你自己的心里。

请分析上面的每一个观点，剔除其中的不合理观念。也请你将自己的认知一一列出，看看其中是不是有一些偏激的观点，将它们转化成为合理的观念。

在修正了认识模式之后，你要收缩一下你那膨胀的自我感，学会低头与谦卑。首先去向你的父母和爱人认错吧，这么多年你对待他们的方式都那么偏激，从来都没考虑过他们的感受。你应该向他们承认自己确实有做错的地方，希望求得他们的原谅，并且表明自己要改正的决心。

其次，学会建立信任关系。也许你已经习惯了怀疑，忘记了什么是信任。建立信任关系的第一步，就是坦诚。尤其是在与父母、爱人的亲密关系中。如果你有什么想法，就开诚布公地说出来。你可以告诉他们你的真实感受，同时也要听听他们是怎么想的，不要一谈到触及你神经的敏感问题就马上暴跳如雷或者全部推翻。他们是站在你这边的。你一直用偏激的方式对待他们，恐怕你不止一次地伤害过他们，而他们还是你的家人，这绝对就是真爱了。所以，你一定要和他们深入沟通，重新构筑彼此的信任。

接下来，你应该增强安全感。以往，你总是通过敌意、怀疑、攻击别人来获得安全感，你觉得那样的自己很强大。可是，事实上，那样的你外强中干。你的怀疑和敌意正是你缺乏安全感、自身不够强大的表现。你需要的不是外表的凶悍，不是对别人的攻击，而是内心的强大。你已经有了父母、爱人的支持，你已经获得了你的第一层堡垒。接着，你应该可以继续修筑你的堡垒，用你对他人的友善，用你的工作能力的提升，用你的努力奋进等。你会发现，自己经营的安全感，比从别人那里抢夺来的安全感要可靠得多。

你还应该提升你的社交能力，懂得尊重与感恩。不论是同学也好同事也好，在一起学习或者共事都是一种缘分。你应该感谢这些人出现在你的生命中。他们有的给了你很多帮助，有的则会给你上生动的一课，有的萍水相逢，有的却陪伴多年。虽然平时摩擦吵闹都是少不了的，但是这也正是生活的乐趣所在。

【生存法则】

# 利用6种效应告别偏执狂

## 1. 安泰效应

古训云："水能载舟亦能覆舟。"这就是安泰效应。安泰效应指的是，许多能力都要在相应的条件下才能发挥出来，一旦必要的条件没有了，那么这些能力也就无法发挥出来。在现代社交环境中，安泰效应往往指的就是要学会合理地依靠他人的力量，否则自己的能力就无法顺利发挥出来。

偏执型人格障碍患者紧张、多疑、易怨恨，常常曲解身边人的意图，因此，经常与环境格格不入，无法融入到群体中去。

偏执型人格障碍患者应当明白，自己也是集体中的一部分。很多事情如果能够借助集体的力量，则会事半功倍。

## 2. 彼得原理

彼得原理也叫作"向上爬原理"，指的是组织习惯于对在某个岗位上表现较好的员工给予晋升的奖励，员工也往往尽可能地抓住晋升的机会，"向上爬"。但是，在某个岗位上表现出色的员工在得到晋升后，并不能胜任新的工作，很有可能碌碌无为，甚至带来损失。比如，有的销售员舌灿莲花、业绩一流，却不会处理管理类的工作，一旦晋升其为销售团队的负责人，这位销售员本身的销售长项不仅被掩盖，个人工作压力直线上升，还会给整个销售团队的正常运作带来阻力，对于个人和集体来说，这是一次失败的晋升。

偏执型人格障碍患者时常处于怀疑的状态中，并对身边的人抱有敌意，好胜心强，可能会过度追求晋升带来的成就感。但是事实上，偏执型人格障碍患者更应该在擅长的领域内找到一个适合的位置。否则，一旦到达一个与自己不相称的位置，就会增加紧张、疲劳、怀疑、易怒等情绪，且不论对他人的影响，仅对于自身而言，不良情绪的增加会导致紧张、焦虑、过分警惕、孤僻，甚至会产生妄想。

### 3. 拆屋效应

鲁迅先生曾经这样写道:"中国人的性情总是喜欢调和、折中的,譬如你说,这屋子太暗,说在这里开一个天窗,大家一定是不允许的。但如果你主张拆掉屋顶,他们就会来调和,愿意开天窗了。"

这就是拆屋效应。你先提出一个很过分的要求,在无法得到满足的时候,再提出较小的相对合理的要求,就很容易被满足了。

拆屋效应是一种心理学"计策",也可以在日常生活中应用。比如,你想要去朋友家住一个晚上,你觉得按照妈妈的个性一定不会同意。于是,你说:"我要去朋友家住一个礼拜。"这时候,妈妈当然是坚决反对的。然后你提出:"那我就去一天吧。"因为和一个礼拜相比,一天是小而合理的要求,那么,妈妈做出让步的可能性就很大。

偏执型人格障碍患者因自身的多疑和自大,在与人交往的过程中很容易产生摩擦和怨恨。在运用拆屋效应之后,偏执型人格障碍患者可以适当掌握话术,减少自身的攻击性,与人较好互动。

### 4. 达维多效应

对于企业来说,必须不断让自己的产品更新换代才能在市场上掌握主动权,获得更高的利润。这就是达维多效应。

这一点在电子产品上表现得尤为突出。就苹果而言,为了保持自己的行业领先地位,它不断推出新的产品。

对于个人来说,达维多效应同样适用。只有时刻自我超越,才不会被别人超越。只有自己不断刷新纪录,才能一直保持领先。

偏执型人格障碍患者敏感多疑,认为他人总是意图对自己不利,从而让自己紧张失眠。那么,只要让自己比之前更加优秀,不论是谁都不能伤害到你。同时,患者将精力用在自我提升上,也就减少了怀疑和怨恨别人的时间。

### 5. 德西效应

心理学家德西做过一个实验。他准备了一些有意思的智力题。实验开始的第一个阶段,所有被试者统一无奖励地答题。在第二个阶段,被试者分为两组,第一组解开一题可获得1美元奖励,而第二组继续无报酬答题。第三个阶段为休息时间,所有被试者可以自由活动,然后看他们是否愿意继

续答题。

事实证明,第一组在第二个阶段有奖励的情况下非常努力,但是到了第三个阶段继续答题的人很少。这表明兴趣和努力都下降了。第二组在始终无奖励的情况下,到了第三个阶段,则有较多人愿意在休息的时间继续答题,即表明兴趣和努力都在提升。

这个实验说明,在一项活动能够给你带来内在报酬的时候,如果同时增加了外在报酬,那么工作动机反而会下降。很多人拥有一项爱好的时候非常满足,但是当爱好成了工作之后,反而失去了之前的兴趣。

偏执型人格障碍患者在从事一项活动的时候,更加应该关注其内在报酬,也就是心理满足感。在关注内在报酬而从事活动的时候,内心将获得极大的满足。这种满足有利于让偏执型人格障碍患者关注自身,从而减少对他人的怀疑和怨恨感。

### 6. 投射效应

有个成语叫作"以小心之心度君子之腹",说的就是一个人心胸狭窄,把自己的特性投射到他人身上,也以为别人都是心胸狭窄。这就是投射效应。也就是说,人们总是将自己的感情、心态、想法等投射到他人身上,并忽略事实,在认知过程中将自己的这些特性强加于他人身上。因此,如果一个人爱嫉妒,就会认为他人也爱嫉妒。一个人喜欢某位明星,就会认为别人也都喜欢,并且对于不喜欢此明星的人完全无法理解。一个人有某种想法,就觉得他人也应该有这种想法,就算自己不说出来,他人也能明白。

偏执型人格障碍患者认为他人对自己抱有敌意,往往是将自己对他人的敌意投射出去,因此才会觉得人人都对自己有敌意。自己潜意识中觉得自己某些地方做得不足,也会将其投射出去觉得大家都这么认为,他们是在诋毁自己、嫉妒自己、排挤自己。其实,很多事情都是源自偏执型人格障碍患者的投射。在遇到类似情况的时候,偏执型人格障碍患者应该尽量平复自己紧张激动的心情,将猜疑的内容与自己的感觉一一对照,看看是不是反映了自己内心的想法,之后再采取行动。

第十四章

谁来帮我做决定 ——

# 依赖型人格障碍

## 看看给你的依赖型人格障碍打几分

请你找一处安静的地方，回忆自己的情形，根据实际回答下面问题。

1. 你是否在没有从他人处得到大量的建议和保证之前，对日常事物不能做出决策？
2. 你是否有无助感，让别人为自己做大多数的重要决定？
3. 你是否有被遗弃感，明知他人错了，也随声附和，因为害怕被别人遗弃？
4. 你是否无独立性，很难单独展开计划或做事？
5. 你是否过度容忍，为讨好他人甘愿做低下的或自己不愿做的事？
6. 你是否在独处时有不适和无助感，或竭尽全力以逃避孤独？
7. 你是否在当亲密的关系中止时感到无助或崩溃？
8. 你是否经常被遭人遗弃的念头所折磨？
9. 你是否很容易因未得到赞许或遭到批评而受到伤害？

在以上9个问题中，如果你的回答有2个以上为"是"，那么你可能有依赖型人格障碍倾向；如果你的回答有5个以上为"是"，那么你很有可能患有依赖型人格障碍，建议到专业机构做一下鉴定。

【问题】

# 寻找庇护者

　　记得高中有个男老师，相貌和脾气都很古怪，宽额头、窄下巴、大眼睛、招风耳，活像是电影里的外星人。我们私下里都叫他ET，这里就称他为E老师吧。高二的时候，E老师娶了个可爱的娇妻，这大大出乎我们的意料。婚后，E老师也一改那忧国忧民的严肃表情，时常在讲课之余吹嘘自家的新媳妇是多么可爱、多么黏人、多么依赖他。

　　我们也确实见证了这一点。上课时，E老师正气吞山河、兴致高昂地讲解题目的时候，他的手机会突然响起来。他会不好意思地停下来接电话，小声地说上几句。有时候一堂课要有几个回合。

　　当时我们就集体抗议了：老师，在我们这些单身学生面前不要这么秀恩爱吧！

　　当然了，老师上课总接电话是不对的，后来E老师上课时会关机。在下课铃响的一瞬间，他会立刻把电话开机，基本上不出两秒，他媳妇的电话就会立刻接进来。有时，我们甚至能听到对面的声音："老公！我怎么都找不到你了！——你快点告诉我，我的衣服买什么颜色？酱油买哪个牌子？"

　　当时我们惊讶于两点：一是E老师的魅力竟然如此之大，让他媳妇时刻惦记着；二是他媳妇每次打电话过来，都问那么无聊的事情。

　　后来，E老师的媳妇再打电话关机，就干脆到学校里找他，要是E老师在上课，就直接在办公室里等着。等见到了E老师，就马上问："老公，你快点给我拿主意！……都怎么办？我一个人应付不了啊！"

　　我们清楚地看到，E老师虽然依旧对新婚妻子宠溺疼爱，但是已经由一开始的得意扬扬变成尴尬不已了。

　　现在看来，E老师的小娇妻应该就属于依赖型人格障碍了。

　　顾名思义，依赖型人格障碍患者，对人强烈依赖。他们永远都像一个孩子，什么都做不了，只能依赖"母亲"——事实上，在所有的关系中，他们

都在扮演孩子，把他人当成母亲来依赖。

他们总是要他人来为自己生活中的绝大部分事情做决定，重要的事情就不必说了，可是甚至一些琐事也要依赖他人。要他们独立做出决定简直难于登天，除非有他人一再担保，他们才会勉强做一些小的决定。他们极其害怕不能照顾自己，时常感到无助和恐慌，他们极度需要他人来帮助自己。因此，他们对于所依赖的人非常顺从，更不会提任何要求，因为他们绝对不能"得罪"所依赖的人，否则对方可能会不照顾自己或者不为自己做决定。

依赖型人格障碍患者缺乏价值感，他们往往认为自己很弱小无能、容易犯错、没有判断力、经常失败。他们常常处于不安的状态，时常担忧，为了让他人照顾和支持自己，他们宁可牺牲自己或者勉强自己。对他们来说，哪怕是被虐待也比让他们独处来得好。他们害怕分离，一旦面临自己所依赖的人可能会离开的威胁时，他们会进行进一步的妥协和迁就。而当失去了一个可依赖的人已成定局时，他们马上会去寻找下一个。

## 【案例】谁能帮忙支撑我的世界

小U是个很腼腆的男孩子,见到陌生人会害羞地退到一边。他低头抿嘴一笑,耳朵都变得通红。

按照小U妈妈的话说,他是个"非常听话、孝顺的孩子"。妈妈说让他往东,他肯定不往西。妈妈不让他和谁交朋友,他就断了和那人的关系。妈妈说要他考哪个学校,他就考哪个学校。妈妈逢人便夸:"我真是生了个好儿子。"

事实真的如此吗?"听话"就是孝顺,就是好儿子吗?那么小U自己的意见呢?

"我不知道。妈妈说的都是对的,只要按照她说的做就好啊。想那么多干什么?"小U答道。他仿佛不知道"自己的意见"这几个字的含义。

这让人想到以前的一个笑话。说联合国向各国小朋友询问对于非洲的饥饿问题,你有什么看法。欧洲小朋友说:"什么叫作饥饿?"因为欧洲非常富足。美国小朋友问:"什么是非洲?"因为他们以为美国就是全世界。中国小朋友问:"什么是自己的看法?"

这和中国人对孩子的教育有关,如小U的妈妈。当小U事事都征求她的意见的时候,她认为这是对她的依赖、尊重和爱,而完全没有考虑到这是小U缺乏独立能力、没有自主性的表现。

在大学毕业后,小U按照妈妈的意见留在了本市,并且接受了妈妈安排的相亲。在两个年轻人一起交流的时候,小U显得手足无措,不知道该如何是好。女孩首先挑起话题,侃侃而谈,小U支支吾吾应付着,不知如何作答。不多时,女孩就借口有事离席了。

小U这才如释重负。不过,妈妈却埋怨他:"我看那女孩蛮好的,做你女朋友多好啊。"小U马上感到十分紧张焦虑,因为他没有按照母亲的意愿顺利让女孩成为自己的女友,并且也不知道要如何才能追到女孩,因此感到浑身无力、焦虑不安。

"妈妈帮你把电话号码要来了,去联系人家吧。"小U收到指示,这才

如蒙大赦,赶紧去联系女孩。但是,女孩一针见血:"从你妈离开之后,你就坐立不安。我想你还没准备好离开你妈妈独立生活。所以,我认为我们只适合做朋友,不适合继续发展下去。"

这对于小U简直就是五雷轰顶的消息。深深的挫败感和没能完成指示的失落感占据了他的心:"果然,我自己什么都做不好。我是个没用的人……"

就在这个时候,小U的妈妈突然得了重病。小U再次深深自责。同时,失去了妈妈的指示,他手足无措:"我成了个废人。"

这时,小U认识了小J。小J年纪略长一些,是个高大威猛的男生,性格有些蛮横霸道,语气中总是带着说一不二、毋庸置疑的霸气。小J看到慌乱的小U之后,立刻有条不紊地做出指示,小U这才安心下来。

很快,小J就表白了。小U对同性关系并不感冒,而且他知道妈妈是一定不会同意的。但是,除了小J,他没有别人可以依赖,于是,他同意了和小J在一起。

## 【现象】都市怪病——情感依赖症，你中招了吗？

小丽是一个文静柔弱的女生，也没有什么朋友，看起来普通极了。但是，她的心里有个小秘密，那就是她暗恋着一个男孩。她没有勇气表白，但是她生活的全部重心都在这个男孩身上。她悄悄打探他的消息，打工赚钱买他喜欢的东西不署名地放到他的书桌里，关注他的恋情，学习他的爱好，在遇到困难的时候就默念他的名字……

尽管他不认识她，他却是她感情的全部。小丽这就是患有严重的情感依赖症。

情感依赖症，从字面理解就是在感情上过度依赖某人或某物。由于把感情全部投入在某人或者某物身上，一旦失去或者担心失去就会极度不适应，引起焦虑情绪或者抑郁情绪。具体细分的话，有亲情依赖症、爱情依赖症、友情依赖症、宠物依赖症、爱好依赖症、物品依赖症、偶像依赖症等。

现代人生活压力大，感情却相对空虚，如果不能正确排解，就会出现很多问题。很多人选择了一个简单的方式：将感情寄托在某一个人或者某一个物品上，于是就出现了情感依赖症。

其实最为常见的还是宠物依赖症。对宠物严重依赖的通常有两种人，一种是生活压力大的白领一族，和人打交道让他们备感焦虑，感情无处安放，于是他们就在单纯可爱的宠物身上寄放自己的感情，久而久之，便形成了依赖。另一种就是老年人，老年人由于子女不在身边或者失去伴侣等多种原因，感情上会更加空虚，却又有大量的时间无事可做，于是，他们选择了猫、狗、鱼、鸟等宠物，让自己的生活丰富起来的同时，也将自己的感情完全投放进去。很多老人都把宠物视为自己的儿女、老伴，精心照料。

而在青少年身上最容易出现的就是偶像依赖症。尤其现在的很多00后，视明星偶像为神。你批评他们，他们可能还懒得理你，但是，你若说他们偶像的不好，恐怕你得后果自负了。网络上关于偶像的毫无意义的刷屏和过激言论也往往出自这个年龄段的人。青少年很容易将自己的感情投放在偶像身上。

将感情寄托在人或者宠物身上，也许你还能理解。但是，将感情投入在物品上，你可能就会觉得不可思议了。事实上，有很多人都在某一件物品上投入了大量的感情，甚至将其作为生活支柱。这个物品可能是一幅画、一个花瓶、一个玩偶、一辆车、一座房子、一本书、一块表、一件衣服……

一位男子，在妻子亡故后便将两人的婚戒视为生活的全部。在不幸遗失了戒指之后，他痛哭流涕，几欲轻生；而一位女子，则将从小陪伴她长大的玩偶视若生命，那就是她盛装感情的盒子。

情感依赖症往往是十分顽固的，但是并非不可以打败。其中最重要的一点，就是将集中投入的感情分散。扩大自己的交际圈，多交朋友，培养更多的爱好，寻求和自己相似的人来分享感情经历，这些都有助于感情的正确发泄。感情一旦可以找到其他不同的宣泄口，那么情感依赖症也就不治而愈了。

## 【解 答】 依赖型人格障碍的救治原则：从小事开始

想要从根本上甩掉依赖型人格障碍，你最应该做的就是打破以往的固有模式，重新建立自信心，逐步为自己做出决定，最终实现完全独立。

第一步，下定决心，做出改变。你可能觉得这简直是废话，当然是想要改变啊。但是"想要改变"和"下定决心做出改变"是完全不同的两个概念。你发现自己患有依赖型人格障碍，于是你着急找到自我调节的方法，所以你赶紧翻到这一节认真研读，这只是表明了你对改变现状的渴望。但是，这并不意味着你已经下定了决心。下决心恐怕是一件最困难的事情了，尤其是对于依赖型人格障碍患者来说。

在你做出决定之前，你应该知道做这个决定的后果：

你将成为一个独立的人，而不是依附于他人；

你在生活和思想上都不再像从前那样依赖他人；

你将为自己的人生和未来负责任；

你将拥有一个全新的人生。

如果你看到这里，已经做好了摒弃过去和迎接未来的准备，那么恭喜你，你已经下定决心来改变了。如果你还没准备好，认为让自己不依靠别人而自己来负责任，这实在是做不到，那么你不用继续往下看了。

第二步，回忆你的童年时期，找出父母对你教育中的不妥当之处。当然，你可能并不会觉得哪里不妥当，不过你可以让自己沉浸在回忆中，想过去的每一个细节。

你的父母是否过于溺爱你，什么都为你代劳？他们把你当成小皇帝小公主，总是对你说："我的小祖宗！等你做好这个不知道到什么时候了，还是我来吧！"哪怕已经到了上学的年龄了，他们还是帮你系鞋带、开门等。他们甚至帮你写作业。在你和同学有冲突的时候，他们直接冲上去把你护在身后。你什么都不用做，只要等着他们来帮你就行了。

你的父母是否对你过于严厉？他们决定你穿什么衣服、玩什么游戏、看

什么电视剧，他们甚至决定你的兴趣爱好。你总是被指责"真笨，怎么什么都不会！""为什么不按照我说的去做？"他们包办了你的一切，什么都为你安排好了，并且严格监督你去执行。你不能有自己的想法和意见，你只能按照他们说的做。

你的父母对你的教育核心是否就是"顺从"？他们一直要你做一个听话的孩子。不论任何事情，只要你顺从他们的心意，他们就会高兴并且夸赞你。如果不是，他们就会唉声叹气，觉得你是个不孝的孩子。于是，任何事情你都要咨询他们的意见，以确保符合他们的意愿。这样的办法最"懒惰"但是也最有效。久而久之，你变得没有自己的意见，而活在"听话"这样一个温柔的束缚中。你习惯了这种行为模式，还有这种依赖别人意见的"轻松"生活。

想想吧，在你的童年中，是否有这样或者那样的问题？一些你习以为常的事情，也许恰好就是形成你的依赖型人格障碍的关键。找出这些问题，列在一张纸上，并且对这些问题进行重新认知。

第三步，从小事开始，表达自己的意见。也许决定太大的事情让你觉得头疼。但是没关系，你可以先从那些你应付得来的问题入手。比如，你喜欢的颜色，你偏好的口味，你欣赏的明星，你爱看的书籍……在这些小事上你会发现，你是有自己的意见的。只不过和别人在一起的时候，你会将它们隐藏起来。那么接下来，你就应该学会表达自己的意见了。

比如，你喜欢某种颜色、某种款式的衣服，那就大胆去穿，不要在意别人说好看或者不好看。比如，你喜欢甜食，而你的TA喜欢的是咸的，那么你也不必单方面迁就，说出自己喜欢的食物，两个人一起去品尝。比如，你想去坐摩天轮，都已经二十几岁了可父母还是不同意，那就自己去试试，注意安全就行了。

第四步，你应该学会的就是说"不"的能力。你长时间依赖于他人，别人说什么就是什么，你从不反驳也从不否认，这很有可能是因为你从不思考。在被要求做一件事情之前，你应该想想这件事情的意义，还有你自己愿不愿意去做。有的事情，你可能并不想做，也可能会让你受到伤害，但是因为你被这样指示了，所以你就顺从地去做了。你应该学会说"不"。这并不会让别人讨厌你，反而会让人学会尊重你。

最后，你应该认同自己为了改变做出的一切努力和所得到的成绩。你在慢慢进步，逐渐成长为一个完整独立的人。你可以将这些都记录在一个本子上，积累信心和成就感，并且要毫不吝啬对自己的夸奖。自我的认同和鼓励将让你迈上一个新的台阶。

【生存法则】

# 6种效应助你学会独立

### 1. 从众效应

从众效应,也就是平时我们所说的"随大流"。人们很容易跟随群体的观点或者行为,以与大多数人保持一致。例如,在"双十一"这天,电商总能创造成交奇迹。但是,真的有那么多想买的东西吗?实际不然,"双十一"过后,大部分人都会吐槽自己买了多少没用的东西,还有人去年"双十一"的东西还没拆包呢,今年又大肆狂购。其实,这就是一种典型的从众心理。因为,大家都在买,所以自己也就随波逐流地买点什么东西。买东西的时候,往往就直接买销量最高的那一款,因为大家都买嘛。

依赖型人格障碍患者因为自己无法做出决定,或者说没有自信做出决定,所以,如果没有特定的人能够帮助他进行决策的话,就会选择从众,所谓"听从大家的意见"嘛。这样是最简单的,自己不用思考,也不用为自己的行为负责任。

但是,每个个体的需要是不同的,盲目地跟从的话,很有可能并没有获得自己想要的结果。例如,你买的东西也许是绝大多数人都会买的,但是你并不需要。虽然你还有一大堆贷款要还,但是,你可能因为跟风而裸辞去旅行。

尤其是依赖型人格障碍患者,盲目从众很有可能给自己带来更多意想不到的麻烦,所以你一定要勇于尝试自己做决定,不要害怕出错。

### 2. 华盛顿合作效应

华盛顿合作效应说的是,"一个人敷衍了事,两个人互相推脱,三个人无法成事"。这是一种典型的相互依赖、推诿责任的状况。

为什么说一个人还能勉强敷衍完成,到了三个人的时候反而事情搁浅,没办法完成了呢?这是因为三个人都相互依赖,谁也不肯负起责任来,都指望着其他的人去完成,自己只要等待结果就行了。

依赖型人格障碍患者更是抱有这样的心态,相互依赖,相互都不想负责任，于是决策迟迟无法做出来，时间都浪费在相互推脱上，最后也没有结果，反而耽误了事情，一事无成。

依赖型人格障碍患者应该努力避免这种情况，从小的事情开始学会做抉择，一点点增加自信和责任感，逐渐学会自己决策。

### 3. 名人效应

名人效应指的是，名人的出现所导致的吸引关注、增强影响、引发模仿等的现象。因为名人自身的光环更容易让公众产生信任感，引发社会关注。例如，很多品牌都会不惜重金起用具有影响力的大牌明星代言，就是运用的这种效应。所以"都教授"在中国征服了无数粉丝之后，拿各种代言广告拿到手软，疯狂吸金。可是，后来"都教授"身材发福，使得其影响力大打折扣，结果痛失了很多合同。

而名人效应也容易让人产生一定的依赖感。尤其是疯狂的追星族，可能会在心理上过分依赖名人，失去自己的判断力，凡事都以名人为标准，却失去了自我。

对于依赖型人格障碍患者而言，让名人"帮助"做出决定也不失为一种选择。但是，如果超出一定的合理范围就会变成盲目追星，不仅对自己的状况没有帮助，还会让生活质量大打折扣。

### 4. 摩西奶奶效应

摩西奶奶是美国的一位艺术家。她75岁才开始学习画画，80岁的时候举行了个人的首次画展。

摩西奶奶出生在一个农场里，只受过有限的教育。她一生都待在农场中，操劳着农活和家庭，和所有的母亲一样养育着自己的孩子们，而且她有10个孩子要照顾！平时，她就刺绣些乡村景色来放松自己。七十几岁的时候，关节炎让她不得不放弃刺绣，她转而开始学习画画，并在当地分发自己的作品。她的作品在艺术界引起了强烈的反响，到了80岁的时候她举办了自己的第一次个人画展。直到101岁去世的时候，摩西奶奶留下的作品达到惊人的1600多幅。

摩西奶奶被当成是大器晚成的典型。但是，她更告诉我们，任何时候去努力、去改变，都会获得成功。同时，人都有无限的潜力，只是蕴藏在不

同的方面而已。

依赖型人格障碍患者也是如此，这些人也蕴藏着自己不知道的巨大的潜力，只不过他们并不去发现，也并不相信这一点。依赖型人格障碍患者应当主动去发现自己的长处，发掘自己的潜力，逐渐培养自信。只有这样，他们才能让自己独立。

### 5.鲇鱼效应

挪威人喜欢吃活的沙丁鱼，活鱼的价格比死鱼要高很多。但是，大部分沙丁鱼都会在回港途中因缺氧死去。为此，人们费劲了心机，可还是收效甚微。但是，有一条船却总是能够运回很多活鱼来。原来，船长在沙丁鱼的鱼槽里放了一条以沙丁鱼为食的鲇鱼。鲇鱼在鱼槽中四处游动，沙丁鱼为了逃避被吃掉的厄运，努力游动、四处逃窜。这样一来，沙丁鱼就不会缺氧了。

这就是我们经常说的"鲇鱼效应"。

在管理学中，鲇鱼效应主要用来指企业引进外部人才，适度增加企业内部的竞争压力，唤醒企业活力。

从心理学角度讲，一个人只有在产生一定的危机感的时候，才会激发出自己的潜能，超常发挥，表现出自己最出色的一面。

对于依赖型人格障碍患者来说，正是由于时刻能找到所依赖的人，所以才会一直过于依赖他人，对自己不自信。依赖型人格障碍患者可以适度地将自己暴露在危机感之中，迫使自己的人格独立起来。

### 6.瓦拉赫效应

瓦拉赫效应指的是，人的智能发展有高有低、有强有弱。一旦人们找到自己智能发展中最强的那一点并充分激发它、让它得到充分发挥的话，往往会取得惊人的成绩。

例如，我们都很熟悉的音乐神童舟舟。他的智力只相当于几岁的小孩子，但是他在指挥方面的才能无人能及。当这方面的智能被激发出来之后，舟舟的生命充满了普通人不敢想象的辉煌。

依赖型人格障碍患者更应该寻找到自己智能的制高点，激发出自己的才能，让自己取得令人信服的成绩。这样，依赖型人格障碍患者就会获得自信，也会愿意渐渐去承担一部分责任，逐渐从自己软弱的世界中走出来。

## 第十五章

面对绝望,去死一次怎么样? ——

# 自杀

【精神病自测】

## 边缘型人格障碍患者

请你找一处安静的地方，回忆你最近的情形，根据实际回答下面的问题。

1.你是否有冲动性地引起自我伤害的可能，如挥霍金钱、赌博或者自伤身体？

2.你是否在人际关系中经常贬低别人，为一己之私利用别人？

3.你是否总是不适当的暴怒或缺乏对愤怒的控制？

4.你是否有身份识别障碍，表现为在性别认同、自我认同、选择职业等方面变化无常？

5.你是否情感不稳定，如突然抑郁或焦虑，持续数小时或数日，随后又转为正常？

6.你是否不能忍受孤独，孤独时即感到抑郁？

7.你是否有自伤身体行为，如自残、屡次发生事故或殴斗？

8.你是否长期感到空虚和厌倦？

以上8个问题中，如果你的回答有3个以上为"是"，那么你可能有边缘型人格障碍倾向；如果你的回答有5个以上为"是"，那么你很有可能患有边缘型人格障碍，建议到专业机构做一下鉴定。

边缘型人格障碍患者是会出现自杀次数很多的一个人群。他们总是不断去尝试自杀，并且并不害怕真的死亡。对他们来说，只要能够获得关心就可以了。

【问题】

## 绝望型自杀？解决型自杀？
## 边缘型人格障碍？

  那天是某个小妹第三次威胁我，学着《爱情公寓》中关谷神奇的口头禅："你再不答应我的话，信不信我分分钟切腹自尽！"看着她认真的模样，我实在不忍心再无动于衷了，于是默默地到厨房拿了把菜刀，"需要我为你介错吗？"

  她可怜巴巴地去角落里画圈圈了。

  玩笑归玩笑。事实上，自杀是个沉重的话题。汉姆雷特那句著名的"生存还是死亡？这是个问题。"可谓道尽了自杀者的内心世界。

  也正是上面说起的这个小妹，画完圈圈后蹭到我身边很认真地问："为什么有人会去自杀啊？那多疼啊！"我没想到很多年后，她竟然会尝试去自杀。问她原因，她只是摇摇头。再问，她就发火了。几次之后，她终于哭了出来，反反复复只说一句话："我好后悔啊！"

  我始终没有明白，她的后悔是她想要自杀的原因，还是指她自杀这件事情。但是，从此以后，我经常想起她尚且懵懂的时候问我的那句："为什么有人会去自杀啊？"

  自杀的原因总体来说可以分为以下几种：一是利他型自杀，如革命时期有一些人以自杀来唤起民众的警醒，或者现在一些人患了绝症而不愿意拖累家人，于是选择自杀；二是自我型自杀，如一些人觉得生而无趣，再无留恋，或者忍受不了孤独，为了自我解脱而自杀；三是失调型自杀，指突然遭遇重大变故导致人们稳定的社会关系遭到了破坏，如亲人去世、失恋、失业等，这是精神无法承受巨大压力、无法自我调节而进行的自杀；四是宿命型自杀，如为了宗教而自杀献身的行为。

  而对于自杀，我们也可以将原因表述得更为简单：绝望、解决、获利。

  对于自杀者来说，最常见的一个原因就是绝望。什么是绝望呢？简单来说，就是永远地失去了希望。绝望并不是一种状态，而是一种态度。大多自杀者认为自己"对生活已经彻底绝望了"。他们觉得自己可以一眼望到

人生尽头,而自己的生活不仅不会改变,还将更加灰暗。"已经绝望了,这种糟糕的境地再怎么努力也不会改变,所以去死。"这是大多数自杀者的心理。

很多患有严重抑郁症的病人就是为此选择自杀的。严重抑郁症病人往往长期情绪低落、悲观,对于任何东西都提不起兴趣来,感到无力、无助和无价值感,他们最容易感到绝望,最终走上自杀的道路。

深受人们喜爱的明星张国荣,就是因为深受抑郁症折磨而感到了绝望,最终选择了自杀。事实上,他为我们演了大量优质电影,给我们演唱了很多好听的歌曲,是跨时代的偶像。对我们而言,他的存在很有意义和价值。因此,我们说,绝望并不是当时的客观状态,而是当事人的主观心态。世界上并不会存在真正的绝望,因为希望一直都在。

导致自杀的第二个原因就是解决问题。你可能会觉得好笑:自杀能解决问题吗?在我们看来,自杀是不能解决任何问题的。可是,对于很多自杀的人来说,自杀就是他们解决问题的方式。比如,有的人欠了很多钱,他认为自己没有可能还得上,于是选择自杀。再如,我们在新闻中常听到的"自杀性袭击",自杀者也认为这是一种解决方式,其中还带着殉道的意味。

我们再说说前面提到的自杀的那个小妹。我们姑且叫她COCO。

COCO就是典型的把自杀当成解决问题方式的例子。COCO在生活中屡遭不顺。她大学毕业后找工作处处碰壁,好不容易才找到了一份合适的工作。工作中却备受同事的排挤,让她每天都十分压抑。后来,她和上级秘密恋爱了,虽然是地下情,但是每天终于有了色彩。可是,她后来才发现自己竟然无意中做了别人的小三!COCO想要结束这种关系,上司威胁要是那样就直接炒了她。

COCO形容自己当时都要崩溃了。在反复思考应该怎么做之后,她脑子里只剩下一个词,那就是"自杀"。

自杀看似能解决问题,实际上却只是遗留了问题。比如,自杀后她就能摆脱"小三"的身份吗?她能够有一个更好的工作环境吗?她能够获得一份完满的爱情吗?她的家人朋友怎么办?诸如此类。

最后一个自杀的原因就是获利。你可能要笑出声来了：自杀还能获利？事实上，获利性质的自杀并不在少数。

你可能要问，一个人自杀骗保，这样算不算是获利型的？这种，我更倾向于将其归为解决型的，因为其是将自杀作为一个解决方案。而这里所说的获利，是指通过自杀行为获得周围人更多的关心和爱护，往往发生在边缘型人格障碍患者身上。

这里我们要先介绍一下边缘型人格障碍。边缘型人格障碍也是人格障碍的一种，以女性患者居多。他们是一个十分不稳定的群体——不论是心理还是行为都是如此。他们时刻处于崩溃的边缘，是一种破坏性的精神状态。他们相信自己在童年时期被剥夺了关爱，他们认为自己没有受到足够的重视。边缘型人格障碍患者扭曲了对自己的印象，缺乏价值感，极其渴望别人的关爱和认同。一旦无法获得这些，他们就会沮丧、怀疑、愤怒、冲动，轻易肯定一切也会随时否定一切，并且倾向于自我毁灭。

边缘型人格障碍患者脆弱孤独，害怕失去他人的关心。他们往往有严重的自杀倾向，并且会付诸行动。在自杀失败或被救起时，会感到周围人，如家人、朋友、医护人员等对他们的巨大的关心爱护，这让他们获得充分的安全感。他们渴望关怀的心理得到充分的满足。他们感到可以从自杀中获利，于是经常会进行自杀。而由于他们自身的无价值感，他们对于自杀成功也没有任何的恐惧。因此，他们会反复进行自杀行动。

在下面的案例中，我们将介绍一位边缘型人格障碍患者的经历。

## 【案例】自杀24次的"超级玛丽"

**要离开,毋宁死**

H先生是一位公务员,虽然不善言辞,但是办事严谨,才华横溢,上级重用,下级敬畏。并且,他还有一个幸福美满的家庭,妻子美丽,儿女双全。很多人都很羡慕H先生。可是,他却传出了自杀的消息!

很多人都不敢相信。更让人难以置信的是,这竟然是他第24次自杀!

"你玩过超级玛丽吗?"他显得很疲惫,但是表情平静,"如果他在游戏中犯了错误,碰到了那些怪物,就会死掉,他就必须重新来过。我就像他一样。做错了事情,就只能去死,只有死亡才能让人重获新生。"他不肯再说,只是声音颤抖地问:"她……来了吗?"

H先生口中的"她"指的是他的妻子。他之所以会如此紧张,那是因为在他自杀之前,两个人大吵了一架,而吵架的原因是H先生招妓被抓。

事实上,H先生招妓也不是一次两次了。在这方面他也没什么忌口,路边的野花随便采。"我的心里只有她一个人,我发誓!我不是要背叛她,我只是需要发泄。她根本就不理解我,也不想理解我。她从来不在意我的感受,也不在意我为她做了些什么。我很郁闷,我很难过,我很彷徨。我也是个人啊!我只是想要一个情感的宣泄口。我只是去外面找女人发泄一下,让自己的身心都放松下来。但是在我的心里就只有她一个,她就是我的女神。我爱她,我不是想要背叛她。她就是我的全世界,她不能跟我离婚!要离婚,我宁可死!"

**谁让我不够好**

H先生其实对妻子非常依赖,甚至可以说是崇拜。在描述妻子的时候,他用了很多非常美好的词语。比如,"绝世佳人""倾国倾城""天生丽质""兰心蕙质""秀外慧中"……几乎用了好几页的成语。在他眼里,她就是天使，是一个完美的女人，甚至是女神。她是那样光芒万丈，是那样完美无瑕。相对而言，他认为自己一无是处，什么都不是，他的自我价值很低。他对所有的事情都怀有深深的负罪感，认为身边人所有的不幸都是自己一手造成的。"是我自己不够好。我什么都做不好。在单位里，我的工作也做不好，我们单位在评比中失利都怪我，我本该注意到的，我应该多督促一下的……我的丈母娘摔倒了也都怪我，要是我那天没有加班的话……一切都是因为我不好。我只会给别人带来不幸，只会把他们都拖入苦海。像我这样的人……"

H先生痛苦地抱住头，堂堂男儿竟也流下了泪水。但是，他很快又把这种自责转换成了对妻子的愤怒：

"可是，我这么痛苦，她却视而不见！我恨她！我那么爱她，她却这么对我！她想跟我离婚！离就离！我就要离开她！"似乎心意已决，再无转变的可能了。

可是，等到离婚协议送到他面前的时候，他却拒绝签字，"不！我要回家！我要见她！让我见她！不然我就马上死，现在就死！"

### 死在你面前，你才会看到我

"为什么要用自杀的方式？这问题真可笑。"H先生目光空洞地笑了一下，"只有我死了，你们才会看到我啊。只有我毁了我自己，你们才会注意到我的存在，才会关心我。只有死的时候，我才能知道我活着。这真是个悖论，不是吗？但是于我而言，这却是个真理。"

"我每次都会留下遗书，告诉她我是多么爱她。我记录下我们的每一个点滴，每一个开心或者吵架的时刻。我想永远都和她在一起，她却总是推开我！她还想要离婚……想要抛下我。我唯有用死才能表达我的爱。死亡就是我的语言，就是我的宿命，就是我和她之间最深的羁绊。"

"我并不想死啊！可是，我没有办法！我已经破破烂烂，什么都没有。我只剩下这一种方式可以倾诉了！"

【现象】

## 大学生为何是自杀的高发群体

大学匆匆那年，人生就此别过！

每不到两分钟的时间里，我们国家就有一人自杀死亡，八人自杀未遂。可能在你刚刚看完这句话的时间里，在我国的某个位置，已经又有人在试图自杀了。而现在我国自杀的人群逐渐呈现低龄化趋势，青少年自杀比例不断上升。尤其是在大学校园中，自杀事件竟屡见不鲜。

前两年，几位清华和北大学子相继自杀，引起了社会广泛关注。有人感叹道："清华学子鹰击长空跳楼，北大学子鱼翔浅底投湖，竟是殊途同归。"虽说是带了些许戏谑的成分，却也引人深思。

大学生号称"天之骄子"，大学时光本是人生中最为美好的时光，为何却有如此多的大学生选择以自杀的方式来解决问题呢？

引起大学生自杀的原因主要有四条：

### 1. 全新环境，"自由"竟成为了杀手

某校大学新生小小，开学仅仅一周，便认为自己无法适应这样的生活，心灰意冷之下，便纵身一跃，结束了自己的生命。

大学新生自杀多半都是因为面对全新的环境无法适应。在从幼儿园到高中毕业的十几年时间中，学生们过的都是被紧密束缚的生活，老师们填鸭式教学，家长们给他们带来了巨大的压力。十几年的时间中，学生们已经习惯了这样的生活模式。到了大学，他们要学会独立生活、自主思考，要独自面对全新的、陌生的环境，而这个环境甚至是和自己的家乡远隔万里的。因此，很多新生往往会出现环境适应困难的现象，以致产生轻生念头。

### 2. 巨大落差，无法接受不再"优秀"的自己

到了大学之中，尤其是名牌大学之中，五湖四海的优秀学子齐聚一堂。在这种情况下，竞争压力会瞬间增加。或许自己曾经是稳坐母校的"第一

把交椅",是老师和父母眼中绝对的骄傲,可是到了新的环境中,泯然众人矣。过去也许轻松便可摘得桂冠,现在经过不懈努力竟然依旧居于人后。他们无法接受不再"优秀"的自己,压力也排山倒海地袭来,自杀的念头开始徘徊不去。

### 3. 恋情受挫,被拒绝的痛苦无法排解

大学校园是社会的雏形,敏感的人际关系也让学子们开始变得头疼起来。恋爱恐怕是其中最轻松甜蜜的了,但是也有不少人因为求爱不成、失恋等原因而选择轻生。

某校大二的学生小五,因为表白失败,当时很震惊,然后翻身就从窗户跳了出去。幸好那是3楼,虽然受的伤不轻,不过好在没有生命危险。

### 4. 求职失败,感到人生苦难重重

每年5月,大学生自杀的数量就会剧增,可谓是"黑色5月"。这时候自杀的往往都是面临毕业的学生。论文会不会通过,工作有没有着落,情侣会不会分手,回家乡还是去大城市等等这一系列的现实问题一下子赤裸裸地摆在了眼前。本应该是一个马上毕业进入全新环境的好时机,却一下子变得十面埋伏。不少大学生挨不过这临门一脚,在马上毕业的时刻结束了自己的生命。

前面说了这么多的因素,其实可以整合为一点:AQ低下。

我们衡量一个人的标准通常使用IQ——智商、EQ——情商,但是很少有人知道AQ——逆境商。IQ描述的是一个人的智力,EQ描述的是一个人的情感与情绪处理的能力,而AQ则描述了一个人的抗挫折能力。

在我国的教育中,父母渴望为孩子铺平道路,让其一帆风顺,不受到任何的挫折。其实,这是很不可取的。在成长的道路上没有经历过任何风雨的孩子,在长大之后面临一点小小的挫折都可能无法承受。

## 【解答】这四个问题,你可认真想过?

如前文所说,自杀的原因可以总结为三个:一是绝望,二是解决,三是获利。在有了自杀的企图的时候,首先要尽可能地让自己平静下来,然后思考这样几个问题:

**1. 问题是否能够解决?**

很多自杀者将自杀视为解决问题的途径,认为死了就"一了百了",只要一死就可以轻松解脱,什么问题都不是问题了。

事实上,每个人都应该思考这样一个问题:自杀,真的能解决问题吗?

我们可以来看看包小姐的案例。包小姐的人生目标就是做个贤妻良母,相夫教子,她一直觉得自己对生活的要求很简单。不过,在结婚后她就发现要实现这个目标实在是太难了。在我国,有一场战争延续了几千年,至今战火纷飞,惨不忍睹。这场战争就叫作"婆媳战争"。这不,包小姐就一下子投入到这场战争中去了,而且数次短兵相接,她一次都没赢过,眼看着自己这边节节败退,对方却一副胜利者模样。最可气的是,每次她受委屈的时候,丈夫却要她多让着点婆婆。包小姐气得一跺脚:"我死行了吧?我死了你们就过得好了!"安眠药跟不要钱似的咽下去,眼睛一闭就不打算醒来了。幸好发现及时,才没酿成惨剧。

包小姐这去自杀倒是痛快,说干就干。不过,自杀能够解决问题吗?就能让一家人没有矛盾地幸福生活了?要是人都不在了,家不成家,何谈幸福!

如果你有了自杀的念头,那么一定要想清楚,你到底是想要解决什么问题,自杀是不是真的能够解决问题。就好比包小姐,本来是想解决婆媳矛盾的问题,可是事实上呢?就算她自杀成功了,问题也并没有解决。因此,采用自杀的方式,其实是彻底认输了。

## 2. 事态是否能够改变？

仔细想想，自杀并不能解决你的问题，而你的问题却终究会有解决的办法。这世界上没有一个问题是真正无解的，只是解决的方式有好有坏，就看你能不能用好的方式去解决。人永远都是有希望的，只不过有时候你蒙住自己的双眼不去看它。

想想你人生的意义吧，那些爱你的人，那些美好的梦想，那些你无法割舍的东西。人之所以活着，并不是为了迎接死亡，而是为了让自己活得有价值，死的时候问心无愧、没有遗憾。如果你做不到，那你还没有资格选择去死。

## 3. 死后是否能够解脱？

关于世界上有没有灵魂这件事情众说纷纭。很多人自称是"坚定的无神论者"，却也在清明中元烧纸钱，期望能给逝去的亲人送点银子，让他们在另一个世界也能过得好。关于灵魂的事情，谁也说不清楚，真正的答案恐怕只有人死了之后才知道，不过既然已经死了，自然也不会有答案了。

我不知道你是如何看待关于灵魂的问题的，这个问题的确很难说得清。因为，如果说有，怎么证明？如果说没有，如何证明？

如果，我是说如果，有那么一点点的可能，这个世界上是真的有灵魂的，那么你怎么办？你自杀，死了，灵魂飘在半空中，茫然地看着你遗留下的这一切，悬而未决的问题，周围人的痛苦和眼泪，你该如何面对？你真的能够"一了百了"，就那么眼睁睁地看着吗？会不会有加倍的痛苦席卷你的内心？会不会有悔恨和自责撞击你的心灵？

你会不会忽然发现，活着真好。因为活着的时候你尚有机会去改变一切，可是等你死后，一切将不可重来。

所以，如果你有自杀的念头，好好想想，死亡是不是真的能够实现解脱。

## 4. 家人朋友如何安置？

人死不能复生。身边人的死亡总是能够给我们带来巨大的痛苦，不论是天灾还是人祸，不论是疾病还是意外，死亡都会给我们带来巨大的失去感，那种痛苦无法言喻。可能当你已经叱咤风云、独当一面的时候，回想

起某个时刻重要的人的死亡,还是会忍不住大哭一场。

　　如果,那个人是自杀,那么对我们的伤害就会更大。因为那意味着,那人主动割舍了和我们之间的羁绊和联系,主动结束了自己的生命,而我们竟然在他痛苦的时候一无所知,什么都帮不上。这种失去感,这种痛苦,恐怕连自杀者本人都无法理解。人一下子就变得衰老苍白,生活也无法好好继续,心理受到了巨大的创伤,甚至身体也会受到损害。关心着你的人的生活一夜之间就全都不一样了。我想,就算你有想要自杀的想法,这些也并不是你想要看到的结局。

**【生存法则】**

# 这些心理效应让你越活越快乐！

### 1. 边际效应

在你很饿的时候，你决定吃一些饺子来充饥。最开始吃进去的那一个恐怕是最让你有幸福感的了。你继续吃，之后的每一个饺子带给你的幸福感都略有下降，但是因为你还没有吃饱，因此，幸福感还是在增加的，只是增加的速度变慢了。一直到你吃饱了的时候，饺子带给你的幸福感也就是零了。这之后，再让你继续吃，你就觉得撑着了，可能还会胃疼恶心，这时候饺子给你带来的幸福感就变成负的了。

这就是边际效应。用经济学的话来说，其他投入固定，而连续增加某一种投入，其产出反而会逐渐下降。

从心理学的角度来说，你对某种事物投入了很强烈的情绪，当你第一次体验的时候，情感是最为浓烈的，其后每次都会更加平淡一些。如同在生活中，人们总是对初恋念念不忘，往后的每一次恋爱感觉可能都要差一点，到最后就完全麻木了，甚至觉得恋爱是一件无聊的事情。

边缘型人格障碍患者，往往习惯于通过自杀来唤起他人的关心。在他们一次次的自杀尝试中，周围人虽然关心他们，但是这种关心会随着边际效应出现递减趋势，而边缘型人格障碍患者每一次的情感体验也会更加平淡一些。因此，他们可能会采取更加激烈的手段。

但是，对于边缘型人格障碍患者而言，自杀其实并不是唤起人们关心和爱的有效手段，在边际效应的推动下，可能会适得其反。因此，边缘型人格障碍患者最好不要用自杀的方式来解决问题。对自己的伤害，并不能解决问题。

### 2. 不值得定律

"不值得做的事情，就不值得做好。"如果人们认为一件事情是"不值得"的，那么就不会在那上面浪费时间和精力，而是会随便糊弄过去，敷衍一下，草草了事。对于这种事情，人们就不会放在心上，也不会在意自己是否成功。

那么，所谓"不值得"怎么去定义呢？因为人生观不同，所以人们对于值得和不值得都有自己不同的见解。但是，我认为，在正常情况下，要通过结束自己的生命来获得的东西都是不值得的，因为没什么能和生命相提并论。当然，在动荡时期，革命烈士牺牲自己换取胜利，这是属于特殊情况的。我们是生活在和平年代的，通过自杀来换取别人的关注、讨薪、惩罚他人等都是不值得的行为。

### 3. 破窗效应

如果一个房子，其中一个窗户被打破了，没人理会，任其这样破下去，那么其他的几个窗户也会被人打破。这就是破窗效应。

在我们的生活中时常出现这样的现象。大学的课桌上如果干干净净的，大家不好意思在上面写写画画。而一旦上面出现了一个涂鸦，那么很快桌面就会被各种文字和图画覆盖住，变得脏兮兮的。某一个地区开始出现犯罪，如果没人制止的话，那么很快这里会变成罪犯们的巢穴。

当一个人陷入困境充满负能量而任由自己陷入其中的时候，可能会莫名其妙地遭遇一些人在各种方面的打击。而一旦人振作起来，用积极向上的态度修复了心灵的破窗，那么境遇也会变得好起来。

因此，人在遇到窘境的时候，不要放任自己的低落情绪，而要努力让自己积极乐观起来，这样才能避开更糟糕的事情，迎接属于自己的幸运女神。

### 4. 视网膜效应

视网膜效应指的是，当我们自己拥有某种东西或者某种特征的时候，我们的眼睛就会比平时更加容易搜索到与我们自己拥有同样的东西或者特征的人。比如，你手臂受伤了，打了石膏，走在路上你会发现怎么打了石膏的人这么多；或者，你买了一辆很酷的车，款式和颜色都是比较少见的，可是你却会发现街上开这种车的人一下子多了起来。

在人们遇到一些不公平现象的时候，视网膜效应依旧在发挥作用。人们会看到更多的灰暗面，感到对人生的绝望。但是且慢！那是你的眼睛在搜寻符合你的心境的东西。如果你是中了彩票头等奖，你会发现，原来各种彩票中奖的人还真不少。

所以，当情绪低落、视网膜效应发挥作用的时候，当看到更多阴暗或者不幸的时候，一定不要被它欺骗，要清楚，如果你变换一种心态，那么你同样会看到很多美好。